蛋鸡生产与保健技术

轩玉峰　李松峰　主编

河南科学技术出版社

·郑州·

图书在版编目（CIP）数据

蛋鸡生产与保健技术 / 轩玉峰，李松峰主编．—郑州：河南科学技术出版社，2014.6

ISBN 978-7-5349-6928-7

Ⅰ．①蛋…　Ⅱ．①轩…　②李…　Ⅲ．①卵用鸡－饲养管理　②卵用鸡－鸡病－防治　Ⅳ．①S831.4　②S858.31

中国版本图书馆 CIP 数据核字（2014）第 098698 号

出版发行：河南科学技术出版社

地址：郑州市经五路 66 号　　邮编：450002

电话：（0371）65737028　65788613

网址：www.hnstp.cn

策划编辑：李义坤　　编辑邮箱：hnstpnys@126.com

责任编辑：李义坤

责任校对：丁秀荣

封面设计：张　伟

版式设计：栾亚平

责任印制：张艳芳

印　　刷：郑州龙洋印务有限公司

经　　销：全国新华书店

幅面尺寸：140 mm×202 mm　　印张：5.125　　字数：129 千字

版　　次：2014 年 6 月第 1 版　　2014 年 6 月第 1 次印刷

定　　价：12.00 元

如发现印、装质量问题，影响阅读，请与出版社联系并调换。

本书编写人员名单

主　编　轩玉峰　李松峰

副主编　王　鋆　李国伟　李清利　崔纪江

编　者　轩玉峰　李松峰　崔纪江　王前进

石传昌　郑迎海　刘广辉　王　鋆

李清利　李国伟

前　言

我国是蛋鸡生产大国，存栏数量名列世界前列，但蛋鸡整体养殖水平不高，经济效益较差，极需提高养殖和疫病预防水平。

执笔者——河南农业大学轩玉峰教授，从事蛋鸡养殖技术指导和禽病诊治二十多年，经验十分丰富。为了提高蛋鸡技术工作者的业务技能，笔者把诊治鸡病的临床经验和蛋鸡养殖中易出现的技术问题进行整理、编写成本书。

本书共分六章。第一章是蛋鸡生理特征，本章论述的重点有二，一是鸡器官成长、消化、呼吸、泌尿生理与哺乳动物相比有哪些特殊地方，二是对产蛋生理和防卫生理，重点进行了阐述。是学习和研究蛋鸡饲养管理和疾病防治必备的基础知识。第二章是蛋鸡饲育技术，重点阐述了如何把四五十克重的雏鸡培育成体重、胫长达标，体型最适的高产蛋鸡群，以及产蛋峰值期的促进饲养技术。第三至第六章重点介绍疫病，主要从发病特征、中医辨证、免疫程序和程序化药物保健等不同层面对疫病分析论证，章与章之间内容相互渗透，联系紧密，读者需把各章内容融会贯通起来，对鸡新城疫、禽流感、传染性法氏囊炎、传染性支气管炎等一类对鸡群威胁严重疾病的发病特征、剖检变化、施治法则和中西治疗方药，才能完全领会，系统掌握，熟练运用于生产和临床。

本书内容丰富，通俗易懂，重点突出，既可供农业院校畜牧兽医专业师生阅读参考，又是广大鸡场技术人员和临床畜牧兽医工作者的良师益友。

限于作者水平有限，书中可能有错误和不足之处，敬请广大读者斧正。

编者

2014 年 3 月

目　录

第一章　蛋鸡生理特征

鸡寿命为10～20年，属寿命较长的禽类，然而对于产蛋鸡，要求其必须经常保持一定水平的产蛋率，故寿命受经济价值的严格制约。产蛋率第一年最高，以后以每年10%～20%比率递降，所以现在高产蛋鸡经济寿命仅500多天。

高产蛋鸡已完全失去了与繁殖有关的就巢性，可以说成了专一产卵机器，鸡每年生产的蛋白质，以单位体重计，是奶牛的3～4倍，年产蛋量是自己体重的10倍，是高生产性能动物，但鸡要维持高产，必须对周围变化的生活环境不断地进行适应。然而在集约化养殖条件下，鸡不能自由选择环境，因此要使鸡群高产，必须在养殖管理上充分把握蛋鸡生长发育特点、器官系统的生理特性。

第一节　蛋鸡饲育阶段及脏器成长特征

一、饲育阶段

精子、卵细胞结合成受精卵，受精卵增殖分化形成各个器官，达一定大小，增长停止，此称成长。成长是组成肌肉、脏器的蛋白质的增加和组成骨骼的钙、磷的蓄积，脂肪虽也增加，但本质上不是成长。

雏鸡在3、4周龄之前生长十分迅速，体增重很快，营养生理状况变化明显，称为幼雏期（0~4周龄），之后至9周龄称中雏期，10~20周龄称大雏期，中大雏期生理发育上无明显界限，20周龄后为产蛋准备期，24~25周龄产蛋率达50%，开产。

幼、中雏阶段，特别是幼雏期，生长迅速，抗病力弱，再加上大多数疫苗在幼、中雏期接种，疫苗能引起很强应激，且所产抗体又耗去了大量体内蛋白，所以，10周前往往出现胫长和体重不达标。大雏期因体质变得健壮，抗病力增强，往往容易出现营养过剩而超重过肥。过肥可使将来产蛋水平下降，高能饲料能促进体脂蓄积而肥胖，所以在大雏阶段必须注意低能饲喂。

转入产卵舍，鸡体重约1.35千克，日摄取75克饲料，在其以后的20多周，产蛋率要维持90%以上，体重上升到1.8千克，蛋重也从开始时的40克上升到56克。此期间鸡生理上发生的变化很大，在营养上必须十分注意，才能确保稳定的高产蛋率，此称产蛋第一期。以后一直至淘汰，称产蛋第二期。产蛋第二期鸡体重基本不变，产蛋率慢慢降低。此期必须注意防止鸡只过肥和产蛋率下降过快。

二、体成长

开食后，雏鸡体重急速增加，体容积变大。20周龄前主要是脏器、肌肉、骨骼的增长，即主要是体重和骨架生长，以蛋白质、矿物质蓄积为主。在正常情况下，8周龄时骨架发育已完成3/4，12周龄时已达90%左右。翼长、腿长、胸深到16周龄，体长到17周龄基本达到成鸡水准，也就是说4月龄体型基本形成，以后主要是胸腹横幅的增加，此增加一直延续到10月龄。20~40周龄体重的增加，主要以腹腔脂肪和皮下脂肪的蓄积为主。

三、器官成长

1. 内脏器官　多数内脏器官和体重一样，伴随成长呈现"S"形增长曲线。哺乳动物神经最早完成成长，而鸡是与内脏同步。鸡的淋巴器官（胸腺、法氏囊）、性器官成长特异，胸腺、法氏囊在幼雏期比体成长快速，到性成熟时胸腺显著萎缩，有时难以找到，法氏囊也全部萎缩消失。卵巢20周龄前后，开始急速发育，黄色卵泡增加，重量也显著加大。在促性腺激素（GTH）作用下，卵泡壁细胞开始合成、分泌雌激素，在雌激素作用下，输卵管快速发育。雌激素作用于肝脏，促使肝脏合成卵黄物质，并经血液把卵黄物质运至卵巢卵泡内；在雌激素作用下，长骨（胫、腓骨）骨髓腔骨髓发达，重量迅速增加，并作为蛋壳形成的钙供给源，开始钙的贮备；在雌激素作用下，鸡冠、肉髯也开始快速发育而变红，外表呈现出性成熟。若某种原因产蛋停止，鸡腹腔、皮下就沉积大量脂肪，这是因为肝脏的脂肪合成还在继续之故。

总之，在免疫系统和骨骼发育快速阶段，若鸡体重不达标，说明这些器官系统发育差，在以后的生长发育中若不能补偿，可严重影响鸡群将来的产蛋性能。

2. 羽毛　羽毛变化是雏鸡生长的很好指标，1周龄左右初羽开始退去，以尾→肩→腹→脊→头的顺序生出新的羽毛。6～7周龄体羽全部换完，主翼羽到初产才能换完。10周龄时羽毛重占体重6%，24周龄达8%，以后大致保持不变。

第二节　消化营养生理特征

一、采食

鸡采食量虽受多种因素影响，如环境温度、运动量、产蛋量等，但鸡是能量型动物，能量决定着采食量，只要能量满足了需求，不管嗉囊是否充盈，鸡就停止采食。

鸡舌基部有味蕾，但数目少，味觉不发达，对味道不敏感，但鸡有体内缺什么选择摄取什么的特性，如钙不足吃石子，能量不足选糖水饮。蛋鸡不同周龄饲料摄取量见表1。

表1　蛋鸡不同周龄饲料摄取量

周龄	日摄取量/克	周龄	日摄取量/克	周龄	日摄取量/克	周龄	日摄取量/克
1	12	6	40	11	61	16	74
2	13	7	43	12	64	17	76
3	15	8	47	13	67	18	77
4	23	9	52	14	70	19	79
5	33	10	57	15	73	20	81

二、饮水

鸡体内水分占体重的60%～70%，在鸡体型保持、体温调节、养分消化吸收代谢及运动功能的正常发挥等方面，水都起着重要作用。鸡失去体内全部脂肪、50%蛋白质仍能生存，但失去体内10%的水分就会导致死亡。

鸡饮水量受环境气温、湿度、产蛋率等多种因素影响，0～

20 ℃温阈 21 周龄前，蛋用鸡饮水量是其采食量的 1.6 倍，产蛋日饮水量是休产日的 2 倍。产蛋前约 12 小时，饮水量开始升高，被吸收的水分可马上移行到卵白。夏天气温超过 30 ℃时饮水量是 20 ℃时的 2～3 倍。饮水量超过呼吸道的蒸发量时，余下的水分就形成尿液排出，使粪便变稀。

饮水不足的鸡，因血液浓缩，鸡冠深红色，有时边缘部分变黑青，出现食欲降低，排绿便。

三、消化器官

鸡消化器官由食道、嗉囊、腺胃、肌胃、小肠、大肠、泄殖腔组成，小肠又分为十二指肠、空肠和回肠，大肠又分为盲肠和直肠。图 1 是鸡的消化器官。鸡的食道很长，其主要作用是把食

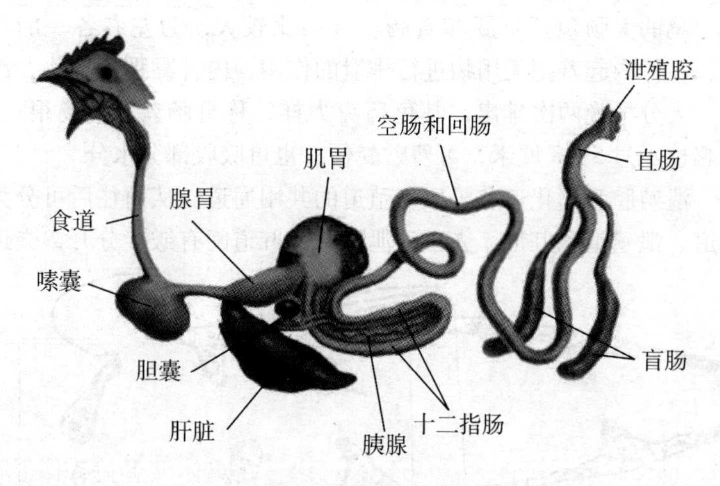

图 1　鸡消化系统

物从咽部转移到腺胃。嗉囊由食道的腹壁膨大而成，摄取的食物暂在此处贮存，然后一点一点送入胃内。腺胃呈纺锤形，壁厚，黏膜内含有多个大型腺体，主要功能是分泌胃液和盐酸。肌胃又

称砂囊，形似双面凸头镜，有坚实的肌肉和角质膜，鸡无牙齿，摄取的食物在腺胃停留时间很短，食物主要在肌胃消化，靠肌胃的强力压缩运动把食物磨碎并使食物与胃液充分混合，进行初步消化，肌胃消化是禽类消化上的一大特征。

U 形十二指肠接着肌胃，其后端有从肝脏来的胆管和胰脏来的胰管开口，胆汁和胰液从此流入肠内。以胰腺管和胆管口为界，后面是空肠和回肠，空、回肠间无明显界限，三者统称小肠。小肠内有肠腺，分泌肠液。胰液和肠液中含有消化酶，是对食物进行化学性消化的主要场所，同时也是营养物质吸收并将其转运至血液的重要部位。鸡的小肠短，成鸡长度仅 140 厘米，为体长的 5 ~6 倍，食物通过小肠只需 2 ~4 小时，食物通过小肠迅速，是鸡消化上的又一特征。

鸡的大肠包括盲肠和直肠。盲肠比较大，为左右各一的盲管，在体内起着把无用物进行排泄的作用，内含黏稠流动物，此物一天分早晚两次排出，其色巧克力样，称盲肠粪。直肠很短，成鸡也不过 5 ~8 厘米，可暂贮粪便，也可吸收部分水分。

泄殖腔为消化道和泌尿生殖道的共用通道。从前往后可分为粪道、泄殖道和肛道。粪道、泄殖道和肛道间有皱襞分开，粪道

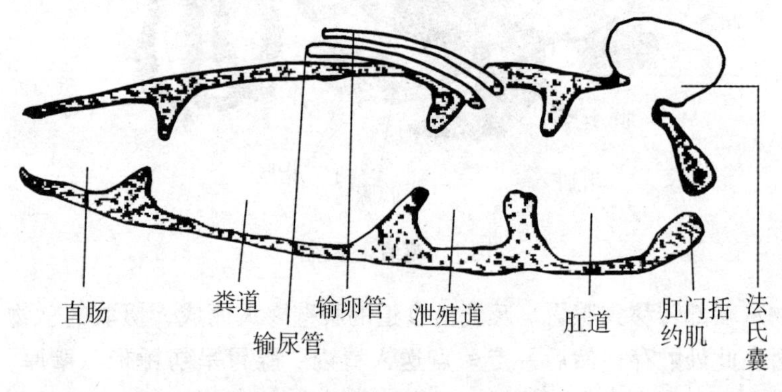

图 2　鸡泄殖腔矢断面模式图

以环肌与直肠为界，肛道通过肛门开口体外。粪道最大，可暂贮粪便和尿液。泄殖道较小，输尿管、输卵管或输精管开口于此。法氏囊开口于肛道背面皱襞内。鸡泄殖腔矢断面模式图如图 2 所示。

四、营养素的消化吸收

1. 蛋白质　腺胃分泌的胃蛋白酶和盐酸一起，对蛋白质进行第一阶段消化，接着在胰腺分泌的胰蛋白酶和糜蛋白酶强力作用下，蛋白分解为多肽，再在肠肽酶作用下分解为氨基酸或小肽后被吸收。

2. 淀粉　在小肠内先在胰淀粉酶作用下分解为麦芽糖，再在肠液中麦芽糖酶作用下分解为葡萄糖后被吸收。

3. 脂肪　脂肪直接可被吸收，经消化道分泌的脂肪酶分解为甘油和脂肪酸后也可被吸收，分解后的吸收，在经过肠壁后，又转变成原型脂肪，移入体内。饲料中脂肪可以原型进入鸡体内，是脂肪吸收的最大特征，所以卵中脂肪受饲料中脂肪的影响。像鱼油、蛹油的异味，很可能移行到卵里，使卵的品质变坏。胆汁中胆汁酸的乳化作用，在脂肪吸收上起重要作用。

4. 纤维素　鸡消化液中无分解纤维素的酶，食物通过消化道又迅速，在消化道内细菌几乎没有分解纤维素的机会。

5. 钙　饲料中的钙主要在十二指肠吸收（雏鸡主要在空肠），维生素 D_3 能诱导小肠黏膜合成钙结合蛋白，此蛋白能促进钙的肠吸收，使其吸收量增长近一倍。

6. 磷　无机磷和动物饲料中的磷可 100% 被吸收利用，但植物性饲料中磷的利用率平均仅为 30%。植物饲料中磷多以植酸磷（六磷酸环己烷）形式存在，鸡消化道无水解植酸磷的酶，所以无法利用。现在，人们利用微生物发酵法，人工合成植酸酶添加到饲料中，大大提高了植物饲料中磷的利用率。当饲料中植

酸磷含量 >0.2%、钙磷比例适当时，植酸酶对磷的替代量以0.1%为宜。如每吨全价产蛋鸡饲料添加每克含5 000活性单位的植酸酶500克，可替代含磷16%的磷酸氢钙8.7千克。

五、营养素的种类

食用的营养素物质叫饲料，按饲料以一天的必需量配给称日粮。配制日粮必需的营养素有以下几种。

1. 能量营养素 脂肪和糖类是最重要的能量营养素，蛋白质也含能量，但因其有特殊作用，提供能量是次要的，所以一般不作为能量营养素。

(1) 能量营养素的分类：鸡常用的能量饲料有以下两种。

1) 谷物类：主要是玉米、小麦等，其营养特点：①含能量高，适口性好。②蛋白质含量低，品质差，一般为9%~13.5%，赖氨酸、蛋氨酸含量少。③钙磷比例不当，钙含量一般低于0.1%，磷含量高达0.31%~0.45%，但利用率低。④缺乏维生素A、维生素D、维生素C，但B族维生素含量丰富。

小麦中含有大量鸡不能消化的非淀粉多糖（主要为木聚糖），以小麦作主要能量营养素配制日粮时，必须加小麦专用消化酶（主要为木聚糖酶），否则，会引起鸡群严重拉稀。

2) 糠麸类：主要是麸皮、米糠等，其营养特点：①能量偏低，但粗蛋白含量高于它们的籽实，必需氨基酸比其籽实丰富。②磷高于钙，比例不平衡，特别是麸皮磷钙比为6∶1。③含脂肪酸多，易酸败，特别是米糠。④B族维生素含量较其籽实丰富。

(2) 能量的利用：饲料中的营养素被氧化后放出能量，称为营养素的化学能，即总能（GE）。饲料在消化过程中总有一部分不被消化利用，从粪中排出（粪能），总能减去粪能，剩下部分称为可消化能（DE）。被消化吸收进入体内的物质，再经过种种过程被代谢，能量才被利用，代谢最终产物如尿酸随尿液排出

体外，此物中仍含有能量（尿能），消化能减去尿能，就是被利用的能，称代谢能（ME）。鸡粪尿同时排出，ME 比较容易测定，所以在能量利用上，鸡多用代谢能。能量常用单位是千卡（大卡）和千焦（kJ），1 千卡 = 4.18 千焦。有些书上用可消化养分总量（TDN）表示能量，1 千克 TDN = 4 200 千卡。

2. 蛋白质营养素

（1）蛋白质营养素的分类：通常分为两大类。

1）植物蛋白类：主要是豆粕及杂粕（棉粕、菜粕、花生粕）。豆粕的氨基酸组成非常好，在以玉米、豆粕为主的日粮配制中，只需添加蛋氨酸就能配平。杂粕中必需氨基酸组成极不平衡，且杂粕中多含有毒成分，如菜粕中含芥子苷和单宁酸，棉粕中含游离棉酚，花生粕中含黄曲霉毒素等，故日粮中杂粕用量不能多。

2）动物性蛋白类：主要有鱼粉、肉粉、血粉。鱼粉是鸡非常好的蛋白质饲料，但价格昂贵，一般日粮中添加量很小。肉粉是把毛、蹄、角、皮及消化道内容物等以外的屠宰副产物，经脱脂干燥粉碎而成，骨成分一多就成肉骨粉。其蛋白质含量差异很大，磷含量高时，其用量以磷量而定。血粉是血液干燥粉，蛋白质含量高，赖氨酸丰富，但消化率很低。

（2）蛋白质利用率：饲料中蛋白质总是部分被消化吸收，其被吸收比例称为消化率，蛋鸡蛋白质平均消化率为 80%。被吸收的蛋白，又总有一部分被分解代谢，只有部分用于蓄积，其被用于蓄积的比例称生物价，产蛋鸡的生物价为 60%。两者相乘为产蛋鸡蛋白质利用率。蛋鸡产蛋期蛋白质利用率为 48%，生长期为 55%；肉鸡为 64%。

（3）氨基酸必需量：摄取的蛋白质须分解成氨基酸才能被吸收。吸收后再合成体内各组织和卵蛋白，剩余部分作为能量被分解利用，起不到蛋白质本来的作用。在氨基酸中，只要有一种氨基酸不足，其他氨基酸再充足，鸡的生产能力也只能达到最低那一种不足氨基酸水平，其他只能作能量被利用，此称为“氨基酸利用水桶”理论。饲料中瓶颈氨基酸理想量见表2。因此，胡乱添加氨基酸不但毫无意义，有时还会起到有害作用。如日粮中亮氨酸过多，若不增添异亮氨酸和缬氨酸量，鸡生长可因氨基酸拮抗作用而被抑制。

鸡有11种必需氨基酸，其中第一限制（瓶颈）氨基酸是蛋氨酸，第二是赖氨酸，第三是色氨酸，在配日粮时，只要这些瓶颈氨基酸获得满足，其他氨基酸就不必担心。蛋氨酸、赖氨酸、色氨酸都能人工合成，且已商品化，用普通原料配合不能满足时，可用合成品补足。

现鸡日粮配制时都是保证赖氨酸量充足，添加蛋氨酸。配合饲料中赖氨酸和蛋氨酸比以2.0:1为佳，小于2.0:1或大于2.5:1都是不可取的。无鱼粉或低鱼粉日粮中必须添加蛋氨酸，其添加量一般为0.05%～0.3%。

一般在产蛋盛期后的产蛋率急降或盛期不见到来，原因很可能是氨基酸总体水平低。在养鸡实践中，卵重变小时添加蛋氨酸多能使其得到改善。

表2 饲料中瓶颈氨基酸理想量（%）

时期	含硫氨基酸		色氨酸		赖氨酸	
	产蛋前期	产蛋后期	产蛋前期	产蛋后期	产蛋前期	产蛋后期
酷暑期	0.68	0.63	0.21	0.18	0.77	0.68
高温期	0.66	0.61	0.21	0.18	0.71	0.66
温暖期Ⅱ	0.64	0.58	0.19	0.17	0.69	0.63
温暖期Ⅰ	0.62	0.57	0.19	0.16	0.67	0.62
寒冷期	0.60	0.55	0.18	0.16	0.65	0.60

3. 维生素营养素　维生素是维持畜禽正常发育和健康不可缺少的一类有机物。

(1) 维生素营养素的分类：分为脂溶性维生素和水溶性维生素两大类。

1) 脂溶性维生素：包括维生素 A、维生素 D、维生素 E、维生素 K。脂溶性维生素是随脂肪被吸收，所以脂肪吸收良否决定着脂溶性维生素的吸收。脂溶性维生素可随脂肪而有一定程度蓄积。

A. 维生素 A：鱼肝油中含量最丰富，植物饲料中不含维生素 A，但植物色素胡萝卜素作为其前体可生成维生素 A。其生理活性：①与视力相关，缺乏时可引起目盲。②缺乏能引起黏膜上皮障碍，使其严重角化，易引起眼角膜软化、消化道障碍及胚胎死亡。③维生素 A 不足，子宫腺就发生分泌障碍，蛋壳变薄褪色，产蛋率下降。一般蛋鸡日粮需添加维生素 A 8 000 ~ 10 000 单位/千克。

B. 维生素 D：有维生素 D_2 和维生素 D_3 两种，对禽维生素 D_3 的抗佝偻病效力比维生素 D_2 大 30 ~ 100 倍，所以禽仅用维生素 D_3。鸡体内的 7 - 脱氢胆固醇，移至皮肤表面，在太阳紫外线照射下可转化为维生素 D_3，但现代化养鸡中，鸡一生几乎见不到自然光照，所以日粮中必须添加维生素 D_3。维生素 D_3 生理作用主要是促进钙的吸收和利用，其不足就出现产蛋率下降，产薄壳蛋甚至软壳蛋。

C. 维生素 E：其生物活性主要表现在生物抗氧化、维持生物膜结构完整、增强机体免疫力、调节生物活性物质的合成与代谢、防止和减缓动物应激反应等方面。生产中常将维生素 E 用于抗不育、抗应激、抗氧化、免疫增强和肉质改善等。

D. 维生素 K：可分三种，植物中自然存在的维生素 K_1、微生物中自然存在的维生素 K_2 及人工合成的维生素 K_3，维生素 K_3

效力最高。凝血酶原变成凝血酶及凝血酶原的生成均需维生素K，所以，维生素K缺乏，会导致凝血时间延迟、出血过多等。磺胺类药物如抗球虫剂磺胺喹噁啉类，能使维生素K缺乏加重。因此，雏鸡阶段和球虫高发期，日粮中必须添加维生素K。

2）水溶性维生素：包括B族维生素（维生素B_1、维生素B_2、维生素B_6、维生素B_{12}、叶酸、生物素、泛酸、烟酸、胆碱）和维生素C。B族维生素，除维生素B_{12}外，在体内都不能贮存，一过剩就随尿排出，必须经常供给。维生素B_1、维生素B_6、维生素B_{12}、叶酸、泛酸、生物素、烟酸，蛋鸡日粮中一般都能满足，很少出现缺乏症。维生素B_2缺乏引起的产蛋鸡瘫痪，在养鸡场时有出现。

维生素C有减轻毒性物质毒性作用，夏天添加能抗热应激、防蛋壳变薄。

各种维生素生理活性及缺乏症如表3所示。

4. 矿物质营养素

(1) 常量矿物营养素：主要有钙、磷、盐。钙对鸡是极其重要的，在血液凝固、体内酸碱平衡、心脏正常跳动、肌肉神经功能维持及膜通透性上都起着重要作用，其中在骨的营养和蛋壳形成上对鸡最为重要。雏鸡阶段，骨架发育8周龄完成3/4，12周龄完成90%，所以必须保证钙的体内沉积，第10周龄前日粮中钙含量要达1%，8周龄时胫长要达86~88毫米。10周龄后骨增长变缓，日粮中钙量要降低，可控制在0.6%~0.9%。

产蛋鸡进入产蛋期，雌激素分泌增加，在雌激素作用下，血中钙量增多。蛋壳含钙约4克，其中2克来源于肠道吸收，2克源于骨钙。开产后鸡的胫骨、腓骨骨髓白天释放钙，夜间贮存钙，功能活动旺盛。肠钙和骨钙由血液搬运至子宫，在子宫分泌的碳酸酐酶作用下，钙和血中的碳酸氢根（HCO_3^-）离子结合生成碳酸钙（$CaCO_3$），沉积在蛋壳膜上形成蛋壳，蛋壳成分的

97%是碳酸钙。饲料中钙一旦缺乏，血中钙就会降低，不但蛋壳变坏，且垂体前叶促卵泡素分泌减少，产蛋量下降。在钙恢复供给6~8天后，下降的产蛋率才能恢复。100%产蛋时饲料摄取量和钙含量的关系见表4。

表3　各种维生素生理活性及缺乏症

维生素	功能	缺乏症
维生素A	促进生长，增强视力，保护上皮组织	生长停滞，生产力下降，眼干，衰弱，共济失调
维生素D	促进钙磷吸收，调整钙磷代谢和骨骼形成	佝偻病，骨质疏松，薄壳蛋，生长迟缓，种蛋孵化率低
维生素E	生物抗氧化剂，协助保持生殖能力	生殖功能障碍，雏鸡脑软化（共济失调、扭转、腿急收缩与急放松等神经紊乱症），渗出性素质，肌营养不良。
维生素K	促进血凝，参于氧化呼吸	肌肉、黏膜出血，贫血，延迟凝血过程
维生素B_1（硫胺素）	参与糖类和脂肪代谢	食欲丧失，多发性神经炎，肌肉麻痹，不能站立，坐在屈曲腿上呈观星姿势。
维生素B_2（核黄素）	能量代谢	足趾卷曲瘫痪，四肢麻痹，下痢，产蛋下降，孵化率低
泛酸（遍多酸、维生素B_5）	参与蛋白、脂肪和糖类代谢	消化障碍，糙皮、皮炎，毛乱断羽，羽毛稀少，口角及脚部皮肤开裂、生痂，口角和眼睑有污物粘在一起。

续表

维生素	功能	缺乏症
烟酸（维生素 B_3）	参与蛋白、脂肪和糖类代谢	跗关节肿大，弓形腿，体重减轻，腹泻，舌与口腔炎，舌暗黑色（黑舌症），神经过敏，飞起怪叫，皮肤厚角化，有褶或痂
维生素 B_6（吡哆醇、吡哆醛、吡哆胺）	参与蛋白质代谢	有异常亢奋、盲目乱跑，翅拍击，头下垂等神经症状，食欲不振，生长受阻，孵化率下降
叶酸	核酸合成所必需的物质，参与蛋白质代谢和红细胞生成	生长受阻，贫血，皮毛粗硬，孵化率下降，幼禽颈部瘫痪
生物素（维生素H）	以多种酶的形式参与脂肪、糖类、蛋白代谢，为抗皮炎要素	生长迟缓，肌软弱，后肢痉挛，鸡喙周围及眼周炎，鸡骨短粗，孵化率下降
维生素 B_{12}（钴胺素）	参与蛋白、脂肪、糖类代谢和红细胞形成	生长受阻，恶性贫血，饲料蛋白质利用率下降，羽毛发育差，软脚症，产蛋率孵化率均下降，胚胎死亡
胆碱	参与脂肪代谢，传递神经脉冲	生长受阻，脂肪肝，骨短粗，产蛋下降，孵化率低
维生素C	在酷热环境中有助于蛋的形成	不明显

钙缺乏时鸡易出现骨质疏松症，在笼养条件下，常见的散发性笼养鸡疲劳症是由于骨脱钙、变脆弱，不能支持身体引起的。

产蛋鸡一羽一天钙的必需量（克）＝［0.17＋（卵重×0.093×0.37＋0.03）］×产蛋率÷0.6。

日粮中钙含量（%）＝产蛋鸡一羽一天钙必需量÷一羽一天饲料摄取量×100%。

0.17是维持量，0.093是卵中碳酸钙含量，0.37是碳酸钙中的钙含量，0.03是卵白中的钙含量，0.6是钙的利用率。

磷在鸡体内主要以无机态存于骨中，以有机态参与各种代谢，特别是核酸的合成，高能磷酸化合物（ATP）在机体能量供给上起着重要作用，无机磷在维持酸碱平衡上起着重要作用。

食盐为鸡提供生存必需的钠离子和氯离子，一旦不足，鸡群就出现啄癖。

（2）微量矿物质营养素：日粮微量矿物营养素包括铁、铜、锌、锰、钴、硒、碘等，它不但是维持鸡健康所必需的物质，且对鸡的产蛋性能产生重大影响。

微量元素原料可分三代，第一代为无机酸盐类，如硫酸亚铁、硫酸锰、硫酸铜；第二代为有机酸盐类，如柠檬酸铁、柠檬酸锌；第三代为甘氨酸、蛋氨酸的金属螯合物，如甘氨酸铁等。微量元素螯合物因能提高产蛋率，改善蛋壳质量，因而引起养殖业界重视。

第一、第二代原料在肠道中以离子状态被吸收，因金属离子很活泼，易在肠道中与其他物质结合后变得不易吸收，且因离子间相互干扰也影响吸收，所以利用率低。

表4　100%产蛋时饲料摄取量和钙含量的关系

每天饲料摄取量	22～40周龄	40周龄后
80克	4.1%	4.6%
90克	3.7%	4.1%
100克	3.3%	3.7%
110克	3.0%	3.4%
120克	2.8%	3.1%

微量元素螯合物作为日粮原料具有化学结构稳定性好、生物利用度高、无刺激和无毒害作用等优点，且在肠道的吸收机制完全不同于小肠中无机金属离子的吸收机制，而是肽、氨基酸吸收机制，是以氨基酸络合物的形式被整体吸收。吸收过程中，不会与肠道其他物质结合影响吸收，也无离子间的干扰阻碍吸收，利用率很高。微量元素的主要功能与缺乏症如表5。表6是某生物饲料科技公司使用的产蛋期每千克全价饲料中维生素、微量元素含量。

表5　微量元素的主要功能与缺乏症

元素	主要功能	缺乏症
铁	红细胞成分，过氧化氢酶和过氧化物酶成分	贫血
铜	参与血红蛋白生成，胰蛋白酶、胺氧化酶、抗坏血酸氧化酶组成成分	贫血、腹泻、毛色失常，后肢麻痹、骨质疏松
锰	酶激活剂如激活聚合酶	产蛋鸡软蛋增多、产蛋减少、孵化率低，雏鸡滑腱症、胫骨短粗症
锌	碳酸酐酶成分，酶激活剂	上皮角化症、皮癣、皮肤损伤，羽毛发育不全
钴	维生素 B_{12} 成分，酶激活剂	维生素 B_{12} 缺乏症、消瘦、食欲不振、被毛粗硬

续表

元素	主要功能	缺乏症
碘	甲状腺素成分	甲状腺功能减退、甲状腺肿大、代谢率低下、种蛋孵化率低下
硒	生物抗氧化剂，谷胱甘肽过氧化物酶成分	肌营养不良（萎缩）、心肌损伤、幼禽白肌病、出血性素质、脑软化症
镁	多种酶激活剂	生长迟缓，呼吸困难，产蛋低下，死亡率高

表 6　产蛋期每千克全价饲料中维生素、微量元素含量

名称	含量	名称	含量	备注
维生素 A	10 000 国际单位	锌	100 毫克	1. 此营养值来源于某饲料公司。 2. 现鸡全价料中多维、多矿值有增加趋势
维生素 D	2 500 国际单位	铁	100 毫克	
维生素 E	40 毫克	铜	10 毫克	
维生素 K	6 毫克	锰	120 毫克	
维生素 B_2	10 毫克	碘	0.38 毫克	
维生素 B_1	3 毫克	钴	0.1 毫克	
维生素 B_6	4 毫克	硒	0.15 毫克	
维生素 B_{12}	0.03 毫克			
生物素	0.16 毫克			
叶酸	1 毫克			
泛酸钙	25 毫克			
烟酸	42 毫克			

第三节　呼吸系统生理特征

鸡呼吸系统由鼻、喉、气管、支气管、肺和气囊构成。

肺呈海绵状，紧贴胸腔侧面。肺的导管系统与家畜差别很

大，气管进入胸腔后分两支，称为支气管或初级支气管，支气管分别进入左、右两肺后不形成支气管树，而是进行反复分支，先后分支为次级支气管、三级支气管、肺房和呼吸毛细管，且所有分支彼此沟通，形成一种迷路状结构。肺房相当于家畜的肺泡管，呼吸毛细管相当于肺泡。

气囊是禽类特有的器官，是支气管的分支出肺后形成的黏膜囊，外面大部被覆浆膜。大的气囊有颈气囊、锁骨间气囊、腋气囊、胸肌间气囊、后胸气囊、腹气囊、前胸气囊等。气囊又发出很多分支，最后分支能深入到肌肉和骨骼中。除腹气囊是初级支气管的直接延续外，其他都与次级支气管直接或间接相通。鸡气囊模式如图 3 所示。

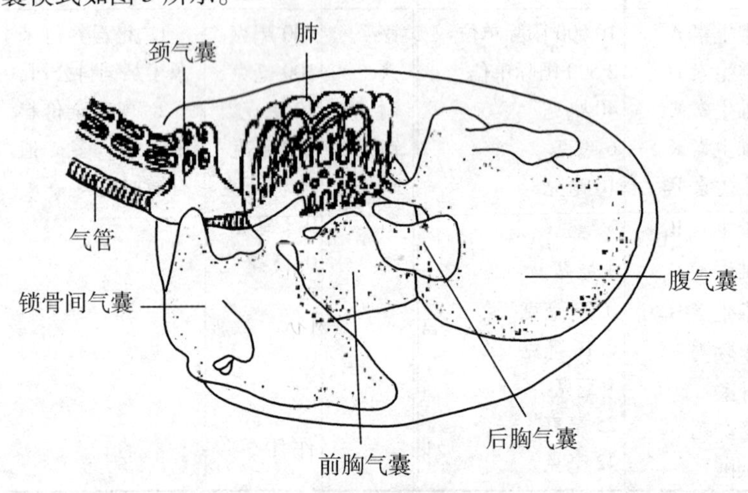

图 3　鸡气囊模式

气囊在呼吸中起着空气贮存器的作用，吸气时一部分气体进入呼吸毛细管区进行气体交换，还有一部分直接进入气囊，呼气时进入气囊的气体又返回呼吸毛细管区，再次进行气体交换。气囊和一次呼吸进行两次气体交换，是鸡呼吸系统一大特征。

肺除通过呼吸完成气体交换作用外，还有一重要功能即调节体温，家禽上呼吸道、肺和气囊均可呼出一些水气，散发部分热量。特别是肺内进行气体交换处，面积广大，血管丰富，血流充沛，能散发大量体热，调节体温。呼吸散热在暑天对于调节体温、防止体温升高上起着重要作用。

气囊在鸟类飞行时能增加浮力，便于飞行，但对鸡来说，气囊已完全失去存在的意义，反而空气中的病原体可到达气囊。“上呼吸道→肺脏→气囊→骨骼”相互连通这一结构特点，使鸡体形成一个半开放的系统，空气中病原微生物，很容易通过这一特殊结构迅速进入鸡体的各个部位，引起全身性感染。

第四节　泌尿系统生理特征

鸡肾脏较大，位于腰荐椎两旁和髂骨之间的肾窝内，左右各一，呈暗棕色，质软而脆，易于破碎。每肾分前、中、后三叶。肾脏实质也和家畜一样，主要由肾小体（包括肾小球、肾小囊）、近曲小管、髓襻、远曲小管和集合管组成，家禽无肾盂。

输尿管左右各一，从肾中叶发出，沿肾腹面后行，开口于泄殖腔。与家畜不同，禽输尿管是一个树状分支系统，集合管汇集为输尿管很多分支。

肾的功能主要是泌尿，尿的形成过程与家畜相似，包括肾小球滤过作用，肾小管的重吸收和分泌作用。但家禽肾小球体积小、结构简单，滤过率不高，肾负荷大。

鸡尿液浓稠，由于含有较多的尿酸盐，一般呈乳白色。鸡尿量也小，一般成年鸡每天排尿 60 ~ 180 毫升。尿在肾脏生成后，沿输尿管进入泄殖腔与粪便混合。鸡尿中含有大量游离的尿酸，这些物质与粪便一起排出时，在粪团上形成一层灰白色的薄膜。公鸡和母鸡的泌尿生殖系统见图 4 和图 5。

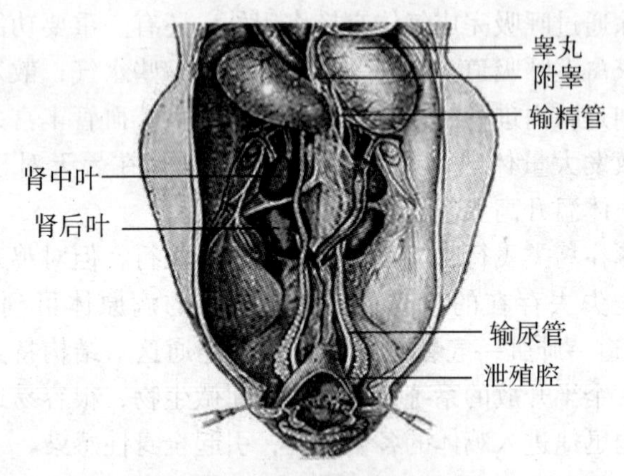

图4　公鸡泌尿生殖系统

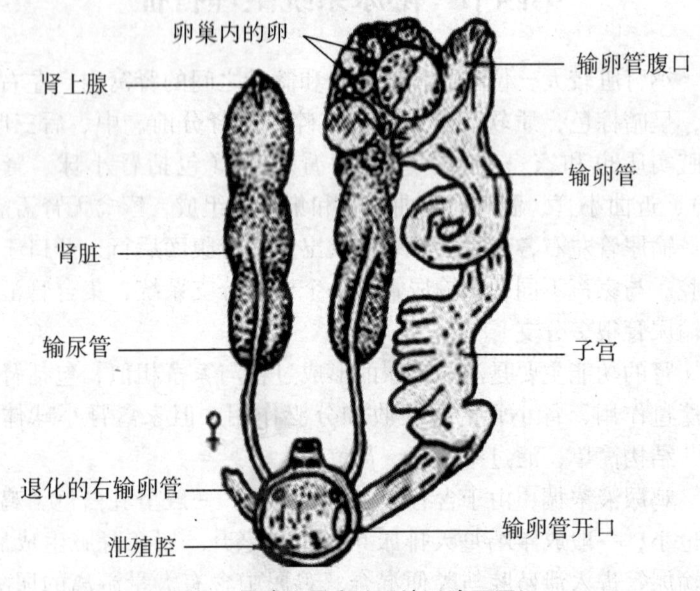

图5　母鸡泌尿生殖系统（腹面图）

第五节 产卵生理特征

一、性成熟

1. 卵巢发育 鸡的卵巢和输卵管只有左侧一个具有生理机能。在胚胎阶段，卵巢和输卵管原基是左右各一，在孵化期间，右侧终止发育。

初生雏卵巢西洋梨样，重约30毫克，扁平淡黄色。内有一万多个卵子，卵泡由卵子和包围它的一层颗粒层细胞及外层细胞壁构成。卵子随卵黄物质的少量蓄积而变大，渐渐突出卵巢表面，因而中大雏卵巢呈粟粒硬块状外观。卵泡一直至开产前两周，直径仅有6毫米大小，里面蓄积有含极少量黄色素的白色卵黄物质，称为白色卵泡。

产卵开始的前两周，在垂体前叶分泌的垂体分泌促卵泡素（FSH）和黄体生成素（LH）协同作用下，卵巢开始分泌雌激素，雌激素作用于肝脏，肝脏快速合成卵黄物质，并通过血液循环至卵巢，再在FSH作用下卵黄物质转至卵泡中，使卵泡迅速增大变黄。

一般每天仅一个卵泡进入卵黄物质蓄积而变黄，所以卵巢上可有数个大小不等的黄色卵泡。黄色卵泡直径达3~4厘米时成熟、排卵。产蛋鸡卵巢上除有大量白色卵泡和数个黄色卵泡外，还可见到2~3个破裂卵泡或1~2个闭锁卵泡。

黄色卵泡是由一个含多量卵黄物质的卵细胞（卵母细胞）和包围它的一层颗粒细胞及外层卵胞壁构成，卵泡壁上有网状血管分布，有一看不见血管分布的袋状部，此是排卵破裂处，称为“眼”。卵泡从急速开始发育到排卵需9天。

禽类卵泡的特征：①颗粒层和卵细胞的卵黄膜紧密接触，无卵泡腔和卵泡液。②卵细胞里蓄积大量卵黄物质（营养物质）。③排卵后不形成黄体，卵泡很快退缩。

若卵巢因什么原因被破坏或手术摘除，右侧性腺会出现发育，有时不发育成卵巢而能发育成精巢，产生精子，分泌雄激素，出现性转换，但形不成输精管，故性转换不全。

2. 输卵管发育 初生雏输卵管是一个4~5厘米的细管，在卵巢分泌的雌激素作用下才能快速发育。因此在卵巢分泌雌激素剧增的18~20周龄，输卵管才急速膨大。产卵鸡输卵管长60~70厘米，重60~80克，弯曲，占左侧腹腔大部。休产期输卵管萎缩，全长仅30厘米，重约10克。

输卵管分5个部分，依次是漏斗部、膨大部、峡部、子宫部和膣部（阴道）。漏斗部又称伞部，收纳排出的卵子，前部是受精地方，后部可分泌少量卵白。膨大部占输卵管全长的一半，壁厚，黏膜上有发达皱襞，有很多杯状单细胞腺和管状腺，分泌卵白。峡部比膨大部稍小，肉眼也可看出，此部无腺体，黏膜有皱襞，是卵壳膜形成处。子宫部壁厚，有管状腺和单细胞腺，是卵壳形成处。膣部开口于泄殖腔，无管状腺，是放卵通道。母鸡生殖器官如图6所示。

二、蛋的构造和形成

蛋的结构如图7所示。卵各成分形成的部位如表7所示。

1. 卵黄 从卵泡急速增长到排卵，快速蓄积的卵黄物质除含多量色素（叶黄素、玉米黄素）外，还含有大量蛋白质和脂肪。

2. 卵白 漏斗部可分泌少量卵白，其大部由膨大部分泌，在卵黄通过膨大部时机械附着其上，这种附着是无选择性的（只要有东面通过膨大部就会出现分泌附着）。卵黄通过膨大部需3个小时。输卵管膨大部分泌细胞分泌的是浓厚卵白。

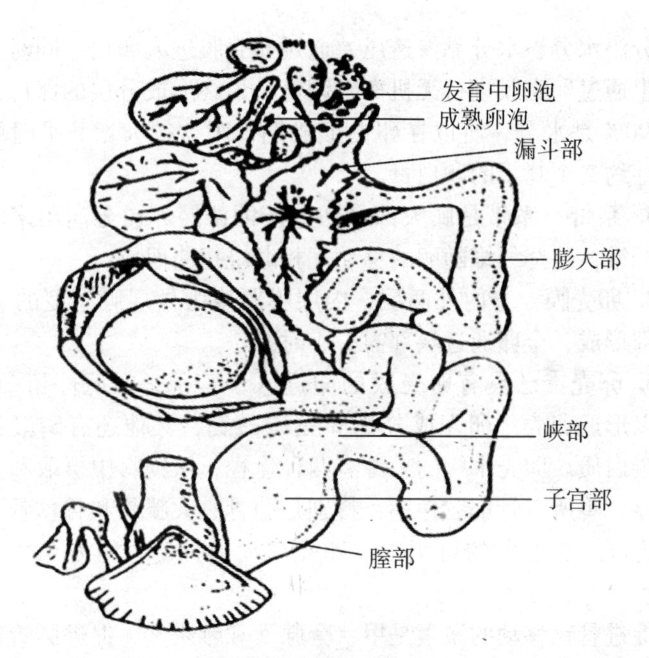

图6　母鸡生殖器官

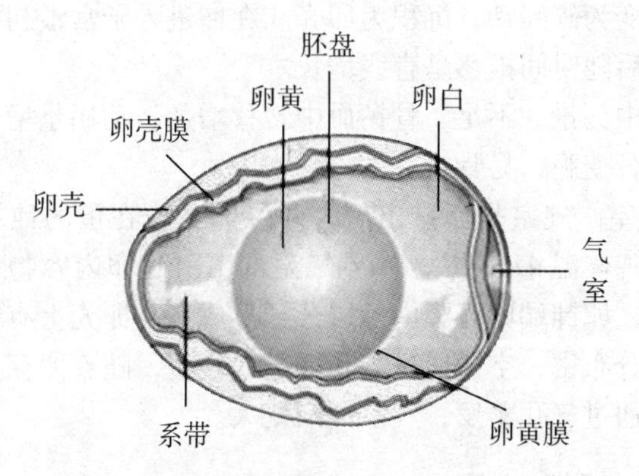

图7　蛋的结构（模式图）

卵白完全形成在子宫，带卵壳膜的卵一进入子宫部，子宫就快速分泌水分，水分靠渗透压差通过卵壳膜进入卵白，同时无机离子也通过卵壳膜进行无机离子调整，最终形成分层的卵白，卵白里90%是水分，所以在卵白形成期，鸡饮欲大增。平时膨大部贮存约2个鸡蛋的卵白量。

3. 系带 系带是膨大部最初分泌的浓厚卵白分离出来的黏蛋白纤维，这些纤维随卵的移动互相缠绕扭曲而成。

4. 卵壳膜 分内外两层，内层膜厚度为外层膜厚度的1/3，在峡部形成，全卵通过峡部需1小时。

5. 卵壳 已具有卵壳膜的卵进入子宫部，在此停留20小时，以形成卵壳。卵壳成分97%是碳酸钙，其他还有磷酸钙和有机蛋白质。卵壳中钙的来源有两种途径，从饲料中摄取和骨中的贮存，鸡所有骨都贮存钙，特别是肋骨、大腿骨和骨盆骨，贮存能力高。骨贮藏的可用以往卵壳移动的钙量，约为6个蛋壳钙量。

促进骨钙移动的激素是甲状旁腺素和雌激素，促进肠管钙吸收的是维生素D_3。子宫卵壳腺分泌液中含碳酸酐酶，在此酶作用下血钙变为碳酸钙，沉积为卵壳。在卵进入了宫最初数小时沉积慢，以后随时间推移呈直线增长。

饲料中钙量一不足，骨钙血中转移增加，动用量增大，则母鸡缺钙，骨变脆、易骨折。

6. 气室 气室是卵排出后，两层卵壳膜在蛋的钝端分开形成的室。鸡体温41.5 ℃，外界气温低，引起卵内容物缩小，伴随着缩小，卵钝端卵壳膜内外层分开形成室。卵壳上有气孔，气室处气孔分布密，空气通过气孔能进入气室，随着卵存放时间增长，水分通过气孔蒸发，气室渐渐变大。

三、产卵和交尾

子宫收缩把卵送至膣部，再由膣部的收缩把卵放出称产卵。

子宫收缩由垂体后叶释放的催产素启动。鸡的产蛋时间带是从天亮后1个小时至午后3时（7～8个小时），日落后和夜间不产蛋。从卵排出到蛋产出其间隔时间是25小时。

交尾一天内都能进行，但傍晚较多。一次交尾时间很短，1～2秒，一次交尾维持受精时间2～3周。

表7　卵各成分形成部位

卵的成分	形成部位	形成方法
卵黄	肝脏	促性腺激素作用下，肝脏合成，通过血循搬运到卵巢
卵白	膨大部	约3小时
卵壳膜	峡部	约1小时
卵壳	子宫部	约20小时
系带	子宫部	卵边转动、边下移时黏蛋白纤维扭曲形成
气室	卵产出后	温度下降，内容物缩小形成

四、产卵连续

产蛋周期：产卵鸡每天产一个卵，一般连产几天休产一天，再接着产卵，这样一个一个地反复称产卵周期。产卵周期有长有短，两周期之间休产时间一般是一天，但也有两天以上的，产蛋周期长，休产天数少的鸡高产。

产蛋周期开始的第一个蛋一般在早晨产出，以后产蛋时间渐次后推，推迟时间达8小时，出现休产日。

五、短期休产原因

1. 绝食　让鸡绝食，则垂体前叶促性腺激素分泌就会停止，绝食开始后的72小时内，卵巢上发育的黄色卵泡全部萎缩，鸡会休产。这样的鸡，要使产蛋恢复必须有新卵泡发育，这至少需要9天。

2. 移动 产蛋鸡常因移动的强烈刺激，引起促性腺激素停止分泌，卵泡闭锁而休产。

3. 其他应激 如野蛮抓捕、严重惊吓或饲料品质低下等也常引起休产。

六、异常卵

1. 双黄卵 一个蛋中两个卵黄，多见于开产两个月内青年鸡，是两个卵的排卵间隔短（5小时内）引起的。

2. 卵白中混有血液、血块或肉斑 血液或血块是排卵时卵泡上的血管发生破裂或输卵管有出血引起的。肉斑是输卵管剥离的组织块或子宫分泌物逆行至膨大部混入卵白中形成的。

3. 软蛋、薄壳蛋 卵壳膜上钙的沉积量很少或一点没有称为软蛋。有沉积但不充分称为薄壳蛋。其因有：①子宫部钙分泌不充分或卵在子宫部停的时间短。②饲料中钙含量不足或钙磷比例不当或维生素D不足。③药物或疾病，如内服磺胺类药物，感染新城疫、传染性支气管炎或氟中毒。

4. 小卵 卵明显小，多无卵黄。组织碎片等一在膨大部出现，卵白就以此为中心附着，以后和正常卵一样在子宫中形成正常卵壳。

第六节 种鸡人工授精技术

一、种公鸡生殖系统解剖与生理

1. 生殖系统构成 公鸡的生殖系统由睾丸、附睾、输精管和交尾器（交媾器）组成。

（1）睾丸：因胚胎期没有睾丸下降，所以睾丸位于肾脏前

端腹侧面原发生位置，左右各一，形如蚕豆。睾丸能产生精子和分泌雄性激素。

（2）副睾：在睾丸背面，无头、体、尾之分，可分睾丸网、睾丸输出管、副丸管，很似家畜的副睾头部。副睾不仅是精子进入输精管通道，而且还有分泌功能。

（3）输精管：很似家畜副睾的体部和尾部，越往后越粗，末端膨大成乳头状突起（乳嘴），开口于泄殖腔交尾器附近。

（4）交尾器：鸡的交尾器相当于家畜阴茎发育的初始状态，所以又称退化交尾器，由中央生殖突起和两侧的“八”字褶组成。

（5）淋巴褶：在交尾器两侧，左右各一，能释放淋巴液，用以营养和稀释精液。

（6）腺管体：是输精管乳头突起外侧的赤色小体，左右各一，属淋巴器官，有阴部动脉分支流入，腺管体与淋巴褶和交尾器有淋巴管相通。

2. 精液形态生理特征

（1）精子形态为长丝状或鞭毛样，头尾部界限不明显。

（2）精子不像家畜那样在雌性生殖器内需要一个获能过程。

（3）精子能耐受寒冷冲击，从 20 ~ 35 ℃急速降至 5 ℃，精子活力不受影响，但急速降至 0 ℃以下，畸形精子增多，受精率下降。

（4）射精量：轻型蛋鸡 0.3 毫升（0.05 ~ 0.8 毫升），密度：40 亿/毫升；中型蛋鸡 0.5 毫升（0.2 ~ 1.1 毫升），密度 30 亿/毫升。

（5）精液颜色和气味：正常精液为乳白色或灰白色，如果精液呈淡黄色（表明混有尿液）、淡红色（表明混有血）、黄绿色（表明混有脓液）或有臭味均为异常，不能用于输精。

3. 交尾　公鸡一受到性刺激，腺管体就产生多量淋巴液，一部分流入淋巴襞，使其膨大并排出淋巴液；一部分流入交尾器的淋巴窦内，使交尾器勃起，同时“八”字襞膨大，使交尾器变成心脏形突出到泄殖腔外，两侧膨大的“八”字襞连接形成暂时性射精沟，交尾器插入母鸡泄殖腔交配时，精液从乳头状突起射出与淋巴襞放出的淋巴液混合，沿射精沟射出，完成交尾。

母鸡有两个精子贮存腺，分别是漏斗部和子宫—膣腔移行部，在这里精子头部向着腺底贮存，因而精子受精能力可保持2~3周。

二、人工授精的采精与输精

1. 所需用品 输精器（图8）、集精杯（图9）、消毒清洗用的干燥箱、微波炉等。

2. 采精 采精（图10）最好两人合作完成，一人一手把鸡挟于腋下，另一手抓住公鸡两爪向外拉伸保定，另一人以左手拿集精杯，右手拇、食指从尾根处向耻骨间肛门两侧快速轻轻按压，使肛门向外翻出，当有乳白色精液流出时，用左手里的集精杯快速接取精液。此时要紧压肛门，以防精液回流。公鸡性欲不旺盛时，可手掌向下从公鸡背部至尾部由轻到重按摩数次，公鸡出现性反射时，再顺势将其尾部翘起，左手拇指和食指在耻骨间肛门两侧轻压，会很快射精。

3. 输精 最好两人合作完成，助手用手伸入笼中，抓住母鸡双腿，将母鸡尾部拉至笼边，另一手放于耻骨下，把泄殖腔周围羽毛扒开，在腹部柔软处轻压，使输卵管翻出（图11）。输精人员将装有精液的输精管插入输卵管中，输精管插入1厘米，然后挤压输精管胶头，把精液输入。原精输精量为0.025~0.05毫升。首次或长时间未输精鸡，量要加大或连输两天，可提高受精率（图12）。

4. 注意事项

（1）输精时间从下午3点至晚上7~8点。这时，应产蛋鸡

都已产出鸡蛋。

（2）输精时间间隔为5天。

（3）输精用后的各种器具，先用清水洗干净，放于75%乙醇消毒液中浸泡1小时，再用蒸馏水冲洗干净，甩干表面水分，置微波炉中烘干备用。

（4）输精过程中往往有极少数的母鸡输卵管内有待产蛋，这时应将这种鸡挑出，待产下蛋后再输精。

（5）原精输精，采精后半小时要用完，因精液存放时间越长，精子活力越差，受精率越低。

（6）也可输稀释精液，稀释比例为1∶1，稀释液可用生理盐水或5.7%葡萄糖水，稀释液温度要保持在20～25℃、最好5只鸡一个集精杯，因精液被粪或尿污染要弃去，这样损失可减至最少。

（7）连用2～3天公鸡要休息一天，采精前2～3小时，停料，节制饮水。

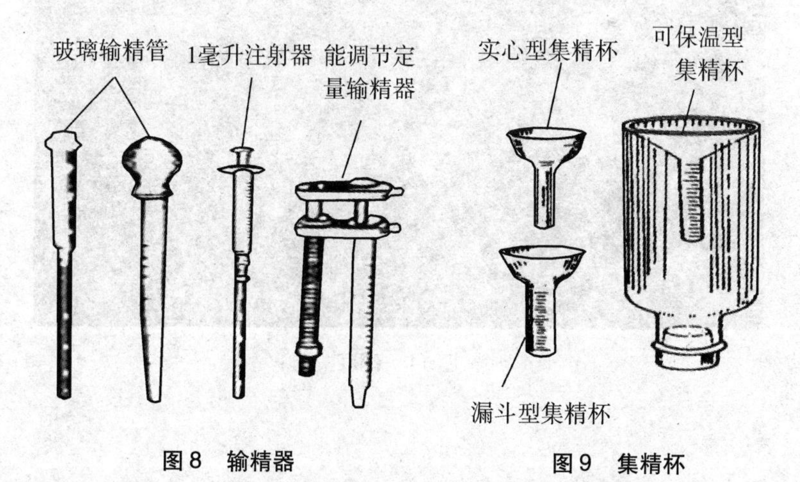

图8　输精器　　　　图9　集精杯

图10　采精

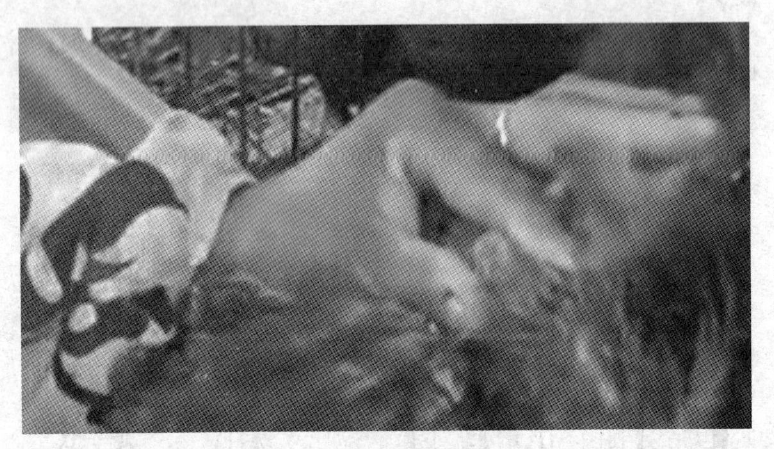

图11　翻肛

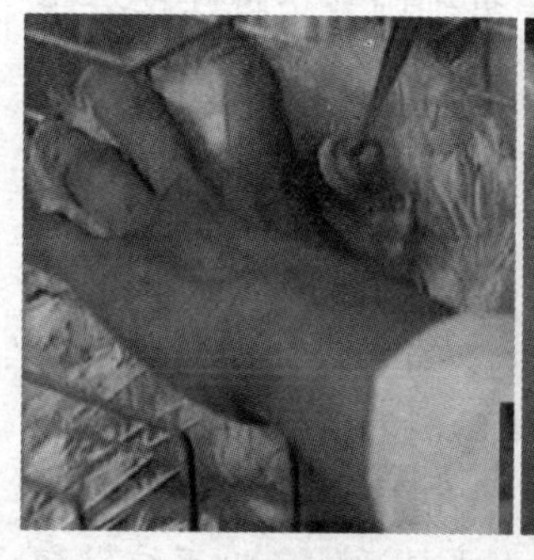

a. 笼内输精

b. 从笼内取出输精

图12　输精

第七节　防御生理特征

生物都有拒绝与异物共存的能力，禽类和哺乳类有发达的清除体内异物，使体内保持清净的网状内皮系统和抵抗细菌、病毒入侵或使其无毒化的免疫系统。

一、网状内皮系统

它由分散在许多器官和组织中的吞噬细胞组成，包括肝脏的库普弗细胞，肺脏的尘细胞，脑和脊髓的小胶质细胞，骨髓、脾脏的网状细胞和窦内细胞，疏松结缔组织的组织细胞及血液中的单核细胞，它们位于临近血流或淋巴流位置，吞噬流动液中的各种异物，如细菌、老化细胞、细胞碎片及粒子异物等，将其在细胞内消化分解。吞噬细胞还能移动聚集在发炎部位吞噬细菌。

二、免疫系统

免疫系统是指体内担负免疫功能的组织结构，是机体免疫应答的物质基础。它由免疫组织器官、免疫细胞及免疫活性分子组成。

1. 免疫器官 包括中枢免疫器官和外周免疫器官（图13）。

（1）中枢免疫器官：包括胸腺和法氏囊，是免疫细胞发生、分化和成熟的场所。

法氏囊为禽类特有，位于泄殖腔背侧，有一短柄向后开口于泄殖腔肛道背侧。幼禽时发达，鸡10周龄时最大，呈球形，以后逐渐减小，随着进入性成熟慢慢消失。在21～24日龄时健康鸡法氏囊要大于脾脏，比较此时两者的大小是评估免疫系统发育正常与否的常用方法。法氏囊为一盲囊，内有12～16个纵行皱襞，很像牛的瓣胃。每一皱襞上有许多淋巴小结，皱襞边缘部为皮质部，有许多成熟淋巴细胞，内为髓质部，多是未成熟淋巴细胞，两者基质为网状细胞。

鸡胸腺共有14叶，分布在整个颈部两侧，性成熟前体积最大，开始性成熟逐渐减小，一年龄成鸡基本消失。胸腺小叶内有很多淋巴组织。

骨髓淋巴干细胞在胚胎期，一部迁移至胸腺，在胸腺因子诱导下分裂分化，发育成T淋巴细胞。一部迁移至法氏囊，在法氏囊因子诱导下，分裂分化发育成B淋巴细胞。T淋巴细胞在出壳前2～3天开始离开胸腺，往末梢迁移，此迁移直到性成熟。B淋巴细胞孵化后15天开始离开法氏囊，往末梢迁移，这种迁移一直到9周龄，特别是3周龄内迁移最多。

（2）外周免疫器官：包括脾脏、盲肠扁桃体、哈德氏腺。它是成熟T细胞和B细胞定居、增殖并产生免疫应答的场所。

鸡脾脏呈球形，紫红或红棕色。内有很多淋巴组织，含大量B淋巴细胞和T淋巴细胞，参与体液免疫和细胞免疫。

盲肠扁桃体位于盲肠基部的固有膜和黏膜下层中，内有很多弥散的淋巴组织和较大的生发中心，对肠道内细菌和其他抗原物

质产生局部免疫应答。

哈德氏腺位于内眼角处、眼窝后方内侧。鸡此腺体发达，不但能产生分泌物，通过导管排出，润滑瞬膜，还有由浆细胞和淋巴细胞集合而成的淋巴组织。呼吸道一感染，这些免疫细胞被激活，分化增殖，产生抗体。本腺体对法氏囊有依存性，法氏囊去除后，鸡发育受阻。

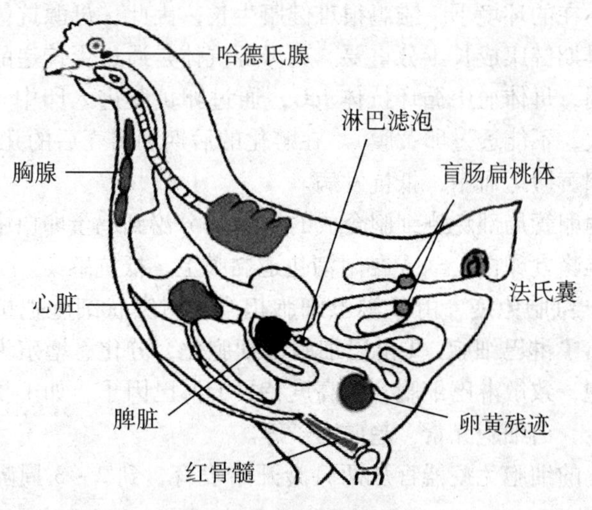

图 13　鸡免疫系统模式

2. 体液免疫　由 B 淋巴细胞担当，病菌等抗原物质一侵入鸡体，迅速被抗原提呈细胞——树突状细胞捕获，经树突状细胞处理后，把抗原信息直接或经 T 细胞介导，提供给 B 淋巴细胞，B 淋巴细胞活化、分裂、分化为浆细胞，浆细胞合成、分泌抗体。

抗体是球蛋白，具有与抗原进行特异反应的特性，鸡抗体分 IgM、IgG（Igy）和 IgA 三种，IgM、IgG 主存于血清中，担当全身防卫，IgA 多以 SigA 形式被分泌到黏膜上承担局部防卫作用。

鸡的体液免疫机构从2周龄开始发达，到5周龄大体完成，以后一直到22周龄左右，其能力缓慢上升。

3. 母子免疫与母源抗体 母代以抗体形式，把对疾病的抵抗力传给子代，以被动方式保护幼雏在出壳后的不太长时间内能健康成长，称母子免疫，传递的抗体称为母源抗体。

初生雏鸡主动免疫应答很弱，不能保护自己，在细菌、病毒无处不在的环境下，雏鸡很难健康生长。因此，母源抗体对保护雏鸡早期健康成长十分重要。鸡母源抗体是通过蛋传递的，开产前两周，母体血中循环抗体IgG，通过卵黄膜进入卵中（IgM分子量大，不能透过卵黄膜）。在孵化的后期和出壳后的几天，IgG再从卵黄搬运血中，抵抗发病。

输卵管局部免疫细胞合成的SigA，分泌到鸡蛋卵白中，孵化后期雏啄食卵白，SigA黏附消化道黏膜上，抵抗感染。

4. 细胞免疫 由T淋巴细胞担当，树突状细胞把抗原信息提呈给T淋巴细胞，T淋巴细胞母细胞化，分化、增殖为致敏淋巴细胞，致敏淋巴细胞合成高度特异的淋巴因子，如干扰素、转移因子、白细胞介素、趋向因子等。

鸡的细胞免疫器官从两日龄开始发育，到2～3周龄大体发育完成。

5. 免疫空白期 雏鸡母源抗体3周龄左右基本失去保护能力，而此时雏鸡自身的免疫能力尚未成熟，是鸡一生抗病力最弱时期（幼雏后期至中雏前期），称免疫空白期。

6. 黏膜免疫 微生物进入机体的主要部位是含有黏膜上皮细胞的上皮表面，大约50%的淋巴组织位于黏膜表面，对侵袭性微生物产生免疫反应，阻止其内侵，使机体免受病毒或细菌的感染。此称黏膜免疫。现就黏膜免疫的免疫器官、免疫细胞简介如下。

（1）免疫器官：它由消化道、呼吸道和泌尿生殖道黏膜相

关淋巴组织组成。包括消化系的盲肠扁桃体、肠道相关淋巴细胞（鸡无淋巴结），呼吸系统的哈德氏腺、气管和支气管相关淋巴细胞，泌尿生殖系的相关淋巴组织等。

（2）免疫细胞：

1）提承细胞：①微褶细胞，又名 M 细胞，分布在消化道黏膜表面，肠腔面微褶，下面呈凹面（呼吸、泌尿系统无 M 细胞）。②树突状细胞（图 15）和巨噬细胞，M 细胞下面凹腔内最多，相互形成细胞网。

2）免疫应答：M 细胞捕获抗原后，不经任何处理，提供给树突状细胞或巨噬细胞。它们对抗原进行加工分析，并把抗原信息提呈给淋巴细胞。抗原信息被提呈给 B 淋巴细胞，B 淋巴细胞活化、分裂、分化为浆细胞，合成、分泌局部抗体 SigA。SigA 结构如图 14 所示。

SigA 有下列生理活性：①能黏附黏膜上，与入侵的病原微生物发生凝集，阻断病原微生物黏附在黏膜细胞膜上。②与溶菌酶、补体共同作用，使细菌溶解。③能中和病毒和毒素。

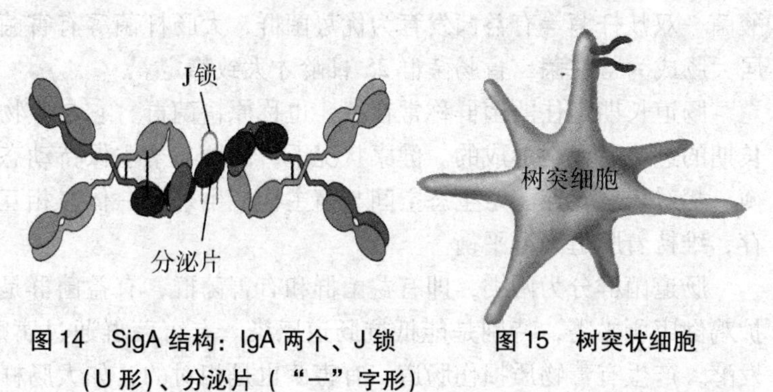

图 14　SigA 结构：IgA 两个、J 锁（U 形）、分泌片（“一”字形）

图 15　树突状细胞

第八节　肠道菌群与微生态活性剂

抗生素作为畜禽保健促生长剂，在促进畜牧业发展上发挥过重要作用。但因其在蛋、奶、肉中有残留，影响人类身体健康，现多数品种已严禁添加。因此，微生态活性剂作为畜禽保健促生长剂，广受业界重视，现简述如下。

一、肠道菌群

正常的肠道菌群，对鸡健康十分重要。孵出时雏鸡肠道内细菌为“零”。过去母鸡抱窝孵化的小鸡，因这些正常菌群在母鸡泄殖腔和腹部羽毛上平时附着很多，雏鸡一出壳就接触这些微生物，所以很早就能定植在雏鸡肠道，正常菌群形成较早。而现代孵化器因经常消毒，雏鸡只能到育雏场才能建立自己的正常肠道菌群。到育雏场，随着饲料的摄入，多种细菌进入雏鸡肠道，随着肠道内环境的变化，菌群的交替渐进性进行，7～9 日龄，乳酸菌、双歧杆菌等有益菌发育为优势菌群，大肠杆菌等有害菌退居大肠成为常在菌，盲肠菌群 25 日龄才大致稳定。

肠道长期定住的菌群称常在菌，也称原籍菌群，它是生物在长期的进化过程中形成的。健康状况下，菌群与宿主保持动态平衡、相对稳定，在一定生态空间与宿主构成生理统一体，相互依存，维持着肠道菌群平衡。

肠道菌群分为两类，即有益菌群和有害菌群，有益菌群是维护鸡健康所必需，特别是能抵抗肠道感染。有害菌群通过腐败、发酵，产生有毒物质损伤肠道。有害菌也是相对的，如大肠杆菌为有害菌，但代谢过程中能生成维生素 B_1、维生素 B_2 和烟酸，把大肠杆菌从肠内排除，能引起维生素 B_1 缺乏症，它又成为有益菌了。

二、肠道有益菌（益生菌）益生机制

1. 定植抗力（排他作用）　有益菌可与肠黏膜上位点结合，靠肠壁形成一层菌膜，外被糖包裹，非常稳定，菌膜的形成使一些病原菌不能与肠黏膜上相应位点结合定植，成为“过路菌”，随肠蠕动排出体外。

2. 解毒作用　①有益菌生长代谢过程中能产生低级脂肪酸，如乳酸、乙酸、丁酸，使肠内 pH 值下降，从而抑制有害菌繁殖，减少肠道内有害菌所产毒素。②一些有益菌可产生氨基氧化酶、过氧化氢分解酶，可把吲哚、硫化氢等有毒物质降解为无毒物质。③乳酸杆菌等一些有益菌菌体成分可增强肝脏解毒功能。

3. 营养作用　有益菌生长过程中，可合成 B 族维生素如维生素 B_1、维生素 B_2、烟酸等，且菌体蛋白又是良好的蛋白质营养素。

4. 促消化吸收　代谢过程中可产生一些酶如蛋白酶、木聚糖酶，补充内源酶不足；有益菌还能使肠壁皱褶增多，肠绒毛增长，加大吸收面积，促进吸收，特别是能提高维生素 D、铁、钙等的吸收率。

5. 增强机体免疫力　可激活巨噬细胞，增强免疫应答，促进抗体 IgA 的产生。

三、非消化道有益菌益生机制

这类细菌一般情况下不是肠道内常在细菌，如蜡状芽孢杆菌、枯草芽孢杆菌、地衣芽孢杆菌、光合菌等，但它们能突破胃酸屏障，在肠道定植、繁衍，从而发挥有益作用，其益生机制如下。

(1) 生物夺氧：如蜡状芽孢杆菌，在肠道定植繁衍，活跃于肠道，影响肠内环境，它严格需氧，消耗大量氧气，为高度厌

氧益生菌生长创造良好条件。

（2）产酶，补充内源酶的不足：一些芽孢杆菌可产酶，如蛋白酶，β－甘露聚糖酶，帮助消化；另一些芽孢杆菌可产生植酸酶，降解植酸磷，提高磷的利用率。

（3）枯草芽孢杆菌和乳酸菌有互利关系，它能增加肠内乳酸菌的繁殖能力，又能抑制大肠杆菌、沙门菌、梭状芽孢杆菌和弯曲杆菌等有害菌在肠内繁殖。

（4）增强免疫应答，激活巨噬细胞，诱导机体产生干扰素。

（5）为机体提供营养，如光合菌。

（6）芽孢杆菌具有一个盔甲样多层蛋白质外壳，性质十分稳定，抗逆、抗高温，如枯草杆菌 C－3102 芽孢，能抗 90 ℃高温，蒸汽制粒条件下仍能存活，能用于颗粒料生产。

三、微生态活性剂

它是利用肠道原籍菌群和能在肠道定植繁衍的非消化道菌群的一些特定菌株，通过体外培养而制成的生物活性剂。

作为饲料添加剂，这些微生物菌群在肠道通过生物拮抗、生物夺氧、生物解毒、定植抗力等进行肠道菌群调整，使有益菌群得到有效补给，使有害菌群强力被抑制，在数量和作用上建立起肠道有益菌群占绝对优势的菌群平衡，以保护肠道健康，预防腹泻，促进生长。

同时，益生菌在繁殖过程中还能产生外源消化酶、B 族维生素、植酸酶等，可有效提高饲料消化利用率，节约饲料。

四、益生素

葡聚糖、低聚异麦芽糖、果寡糖、甘露聚糖等一类寡糖，在畜禽肠道中无消化这类寡糖的酶，不能被消化吸收，但它们是乳酸杆菌、双歧杆菌等益生菌的营养源，能促进其生长繁殖，而沙

门菌、大肠杆菌等有害菌利用果寡糖能力低，生长受抑制。故寡糖类能增强益生菌的肠道优势地位。

同时，一些寡糖，如甘露聚糖可与细菌的受体结合，使细菌的受体被掩盖，不能与肠壁上位点结合，不能定植。另一些寡糖能提高动物体血中溶菌酶和补体活性，激活免疫细胞，增强免疫力。这类寡糖，因其生物活性与益生菌密不可分，所以又特称为益生素。

以微生态活性剂为代表的新型绿色饲料添加剂，以其无残留、无毒副作用的优势，很快成为饲料添加剂的重要成员，如EM菌，为光合菌、乳酸菌、双歧杆菌、芽孢杆菌等7大类80种不同菌株的混合体，使用效果很好，能显著提高鸡的健康度和产蛋率。微生态活性剂替代药物保健畜禽的时代将会很快到来。

第九节　环境生理特征

随着养鸡规模扩大和养殖密度增加，蛋鸡基本上是在人为的环境里饲育，饲养环境须尽其可能地满足鸡的需求，才能使鸡的生产性能达最佳。鸡的生产性能，改良育种是重要的，但从表8可看出，产卵性能和生存率受遗传影响小，受环境影响大，所以环境的重要性必须充分重视。

表8　主要生产性状遗传率

性状名称	遗传率	平均值
初年度产卵率	0.16～0.47	0.31
初产日龄	0.12～0.45	0.26
卵重	0.46～0.74	0.55
生存率	0.08～0.14	0.11

一、应激

鸡生存环境发生异常变化，如舍内氨气蓄积、捕捉、饥饿、密度过大、疫苗注射及舍温过高（30 ℃以上）过低（－1 ℃以下）等，这些理化、生物的有害因子严重威胁着鸡的生存，鸡为了生存必有相应反应。

在有害因子（应激原）的危害下，为了维持生命安全，丘脑－垂体－肾上腺系统激素分泌增强，肾上腺皮质激素分泌增多，使鸡处在能随时提供大量能量，以应对应激伤害。同时，交感神经－肾上腺髓质系统活动也增强，肾上腺素分泌增多，使鸡处于高度紧迫状态。

内分泌系统和神经系统的变化，使鸡出现许多非特异性反应，如心跳加快、血压升高、食欲降低等，这些非特异性反应称为应激。

在应激状态下，为给机体能迅速提供能量，以应对伤害，体内蛋白要加速分解，分解产物“氨”有毒，需经肝脏解毒，转化为尿酸，再从肾脏排出。这必然会加重肝肾负担，严重时使肝肾出现透支，所以应激易导致肝肾功能不全。

应激使机体在非正常情况下的代谢渠道开通，结果体内聚集了很多有害的“自由基”，自由基可破坏消化道黏膜。再加上应激时交感神经兴奋，肠胃蠕动减弱，其结果轻者，食欲低下，产蛋减少；重者，出现拉稀、胃肠溃疡或肠炎。

应激能抑制淋巴细胞分裂，使白细胞介素呈休眠状，它还能使雏鸡胸腺和法氏囊萎缩，结果鸡的免疫反应被抑制，体液免疫和细胞免疫应答低下，抗体和淋巴因子产生减少，鸡群防卫能力下降，成了弱鸡群，很易感染发病，一些通过感染也难以发病的条件感染病，如大肠杆菌病、绿脓杆菌病等，往往因应激而发病。

应激抑制了促黄体分泌素的分泌，鸡产蛋活动被抑制，出现了软蛋、堕卵，甚至停产。图 16 是鸡常见应激因子及其影响。这些应激在生产上经常遇到，轻者采食量减少，产蛋率下降。严重者可诱发疾病，引起灾难性损失。所以，能回避的应激应尽可能回避，不能回避的要在应激前后加喂几天多种维生素，应激状态时日粮中维生素添加量是平时日粮的 2 ~4 倍，以增强鸡的抗应激力。如移动前后、接种疫苗前后、开产初期、产卵峰值前等，表 9 是生产上经常见到的各种应激的多维添加方法。

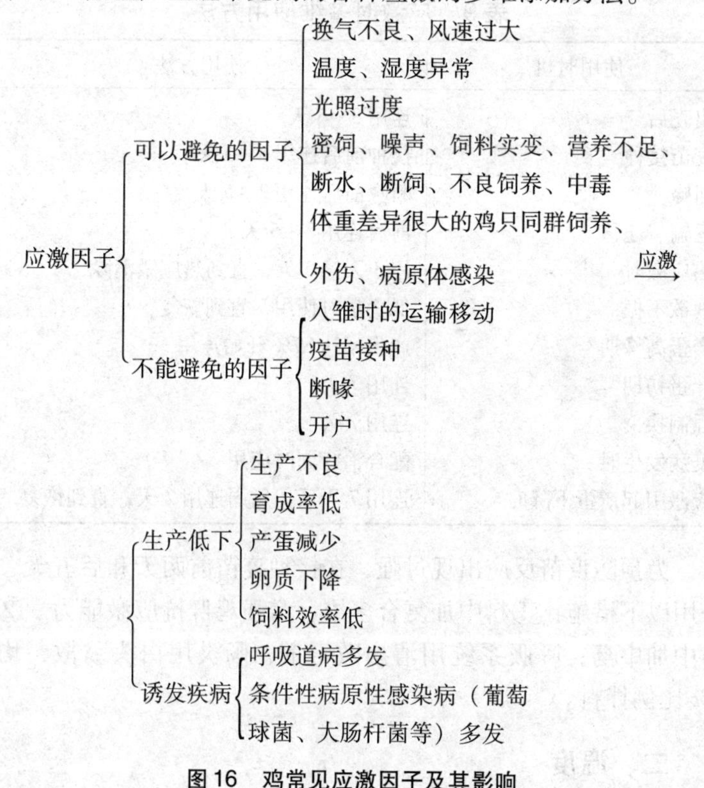

图 16　鸡常见应激因子及其影响

特别是疫苗接种应激反应过强最为常见，一般疫苗接种后，约15%鸡出现疫苗反应过强。如免疫前鸡群健康，用新城疫活苗点眼或滴鼻后，逐渐出现呼吸道症状，精神沉郁，拉黄白稀便，呼噜，甩鼻，鼻流黏液，伸颈，且有一定死亡。剖检喉头有黏液，气管出血，气囊混浊，肝、心被覆纤维素膜，肠道出血，则表明发生了霉形体和大肠杆菌混合感染。再如，免疫前健康鸡群，用法氏囊活苗饮水免疫后，出现鸡群拉稀，发生了肠炎。

表9　应激时多维使用方法

使用时机	使用方法
出壳后	连用3～5天
疫苗接种	接种前后连用3～5天
断喙	断喙前后连用3～5天
运输、迁移	前后连用3～5天
热应激时	用3天停3天，直到热应激消除
食欲不振	低食量时使用，直到恢复
产蛋高峰期	产蛋率达87%开始连用
产蛋初期	连用7天
强制换羽	连用7天
疫病发生时	配合治疗同时应用
应激引起产蛋下降时	连用7天后，每周连用2天，直到恢复

为预防疫苗反应出现过强，在接种疫苗前两天和后五天，可采用以下措施：①料中加复合多维，增强鸡群抗应激能力。②饲料中加中药：呼吸系统用清瘟败毒散，肠炎用白头翁散，均按1%比例拌料。

二、温度

鸡是恒温动物，环境温度在一定限度内变动时鸡体温可维持

恒定。直肠测定的鸡正常体温为41.5 ℃。初生雏体温稍低，2～3周才能达到成鸡体温。这种体温的低下是因幼雏的体温调节功能差，从孵化器的高温移至低的舍温下引发的。

出壳后的雏鸡，体温调节器官未发育成熟，易受环境温度变化的影响，因此必须适时给温，7日龄前适温阈（雏鸡站立时肩部高度的温度）为34～35 ℃，以后渐减，一般3～4周龄脱温，脱温时适温是20 ℃。给雏鸡比适温阈稍低一点的温度，作为生理刺激，对生长有良好作用。雏鸡鸣叫，说明温度不适或饥饿，温度低时往往会挤成一团，弱的常被压死。

在育雏初期腹部保暖非常重要，腹部适温是32～35 ℃，在此温度下，可促进肠道发育，使肠管长度增加，直径增大，肠壁变薄变轻，吸收营养能力增强。所以雏鸡休息时总是腹部对着温源。

在一定温度下，鸡产热量几乎是恒定的，与舍温无关，这个温阈称为鸡的最适温阈（等热范围）。此温阈的限界认识尚未统一，一般认为是15～25 ℃或10～20 ℃。其实，舍温在5 ℃以上，25 ℃以下，温度对鸡产蛋影响不大。低于5 ℃时，为补充体热放散的增加，鸡采食量增加，生产性能也随之下降。

鸡无汗腺，外界温度高时，鸡羽张开，皮肤血管扩张，扩大散热。外界温度再高时，鸡通过增加呼吸次数和大量饮水，来防止体温升高。外界温度超过30 ℃，产卵减少；超过32 ℃时呼吸加快，出现热性呼吸，体温开始升高。在高温、高湿的夏季，饲养密度大的鸡群极易发生中暑（热射病）而死亡，在一天中鸡体温午后高于午前，所以午后多发生中暑。

三、空气

1. 氧气（O_2）　鸡体温高，在安静时鸡每千克体重1小时耗氧量为739毫升。空气中氧气含量低于20%时，鸡出现生产性能降低，特别是育成鸡需氧量比成鸡多，所以在饲养管理上，鸡舍必须注意换气，特别是雏鸡更须注意。

2. 二氧化碳（CO_2） 安静时鸡每千克体重耗氧量为牛的两倍多。代谢十分旺盛，舍内通风一旦不良，CO_2 含量增多，氧含量就减少，就易出现生理机能障碍，特别是雏鸡。CO_2 无毒，但是舍内空气污染状况的指标。

3. 氨气（NH_3） 氨是鸡粪中尿酸在微生物作用下生成，鸡舍内允许的氨浓度是 20×10^{-6} 以下，氨浓度达（18～20）$\times10^{-6}$ 时，人能感觉到有氨味（表 10）。氨可麻痹气管黏膜上纤毛，破坏其完整性，浓度一高鸡就易出现呼吸道病。尿酸分解为氨的速度与 pH 值高度相关，pH 为 7.8 左右时分解速度快速上升，利用这一现象，养鸡者把 KH_2PO_4（磷酸二氢钾）撒布在粪上，使 pH 可降至 5.5～6.2，以抑制尿酸分解，减少氨的产生(500 羽平面舍，一个冬天需用 150 千克 KH_2PO_4)。10% 氨水杀死球虫卵囊有极好效果，把鸡粪堆起发酵产氨，可杀死球虫卵囊，减少球虫危害。

表 10　舍内氨浓度对鸡群影响

氨浓度/（$\times10^{-6}$）	影响
18～20	人嗅觉可感觉到
21～25	开始干扰鸡的健康
26～35	呼吸道纤毛开始麻痹，对慢性呼吸道病（CRD）、新城疫（ND）等敏感性升高，开始影响食欲。
50 以上	流泪、流鼻、眼炎，食欲减少，生长缓慢，产蛋下降，易发生严重呼吸道病

4. 尘埃 多种病原体单独或附着在尘埃上浮游于空气中，被鸡吸入呼吸道成为发病原因。患马立克病的鸡皮屑中含大量病

毒，鸡感染马立克多因吸入空气中带毒皮屑引起。

四、光照

光照是鸡生存的主要环境条件，鸡两眼重量与脑重相当，视网膜上感光细胞约为人的两倍，所以进入眼的光量比其他动物多得多。光通过刺激鸡内分泌器官，有调整性成热，促进或抑制产卵效应。

光进入眼中刺激视网膜，通过视神经传至中枢，再通过下丘脑达垂体前叶，通过促进垂体前叶促性腺激素分泌，从而促进性腺活动。光照影响性成熟和产蛋率变化；光照能影响和制约产卵时间。

产蛋期每天光照时间要保证 13～14 小时，少于 13 小时则能引起产蛋下降，增加光照能促进产蛋，但增加限度是 17 小时，超过限度不再产生光照效应。光照强度为 10 勒克斯，小于 10 勒克斯影响产蛋，大于 10 勒克斯增蛋效应也不明显，反而易引起啄癖。

3 日龄内雏鸡 40 勒克斯强光照是必要的，密封鸡舍以后慢慢可降至 1～5 勒克斯。整个育成期保持低照度光照是必要的，高照度白光，鸡易产生恶癖。特别是 10 周龄后光照强度不可增强，光照时间不能延长。

40 瓦蓝光，每 90 平方米一个，鸡视力几乎为零，因而鸡在转群、断喙捉鸡时，使用蓝光非常容易作业。

五、湿度与风速

湿度对鸡的影响没有温度严重，产蛋鸡适宜的相对湿度是 45%～60%。呼吸道黏膜不断分泌黏液，捕捉微生物、尘埃等小粒子，再通过黏膜上纤毛摆动（1 000～1 500 次/分）把其推向喉头，最后被吞食消化，同时被黏液包着的病原微生物，易被黏液中溶菌酶和 SigA 灭活。

湿度过高有害，湿度过低也有害，湿度过低，则空气干燥，可导致呼吸道黏膜异常，上述生理功能降低，易发生呼吸道疾病。

在鸡的饲养上夏天要合理利用风，冬天要防风，是重要环节。高温时（25～37 ℃）送风可防止采食量下降，改善产蛋率和产蛋量，一般风速以每秒 0.5 米效果最好。

第二章　蛋鸡饲育技术

第一节　育成鸡饲育技术

为使鸡群产卵遗传力充分发挥，育成期饲育是关键，反映育成技术良否的指标有四个：第一，性成熟日龄。除躯体特别小的品种外，好的育成群至少也要把鸡的性成熟日龄控制在 175 日龄（产蛋 50%），性成熟过早，平均体重会减轻，开产盛期到达后，鸡因体力不支，易出现微换羽和休产，盛期过后产卵率急速下跌，远远超过正常的周下降速度 0.7% ~0.8%。第二，平均体重，好的育成群平均体重应在本品种标准体重的中间或上限域，体轻不好，过重也有害，过重不但所需饲料量增多，还往往因生殖器官中有脂肪沉积造成产蛋下降。在饲育中 8 周龄体重能达 600 克，以后就易达理想体重。体重轻采取措施时，要避免体重增速过快，以 3 周增加 100 克为宜。第三，20 周龄时体重整齐度：好的育成群体重标准差应在 ±10% 以内，最好是 ±7.5% 以内。鸡群体重越齐，从初产到峰值间隔时间越短，产卵曲线越锐，峰值升得越高，只要以后管理上不失误，此鸡群一定高产。如峰值产蛋率 93% ~95% 鸡群比峰值 83% 鸡群平均每羽多产 30 个蛋。第四，健康度。饲养失误，卫生防疫不到位，必然出现鸡群不健康，鸡群体重差异大，经济遗传能力不能发挥，甚至产卵无峰值。为育成一个能尽量发挥出本品种最大产蛋潜力的鸡群，现把育成期饲育技术分述如下。

一、入雏准备

1. 选雏　首先需确定希望饲育的品种，然后再选定易于饲养的、产蛋能力高的、抗病力强的雏鸡。这就要求我们对种鸡场的技术和售后服务质量进行评估，场方孵化技术必须优良，必须是21～22天出雏；必须是健雏率95%以上品质优良的雏鸡；场方一定能提供开产日龄、阶段标准体重、胫长、马立克疫苗接种等技术资料。鸡除垂直传播的传染病外，因孵化场或种鸡场卫生条件差，水平传播的疾病也很多，所以从卫生条件好的种鸡场和孵化场选雏也十分必要。

2. 入雏　入雏准备如表11所示。入雏前对准备好的育雏舍要进行再检查，看育雏舍的器材是否齐备，消毒是否彻底。入雏前两天开始给育雏舍加温，使育雏器、育雏舍温度均匀稳定，饮水器一定在入雏前放在育雏器内给温待饮。雏鸡因途中运输十分疲劳，所以到场后要马上置于育雏器内，让其充分饮水后，使雏鸡舍尽量变暗，让雏鸡充分休息。

表11　入雏准备

清扫	上次雏鸡出舍后，马上把舍内鸡粪、蜘蛛网、灰尘等污物清除，附属设施能清除的也要清除
水洗	用压力喷水器进行水洗，用刷子仔细刷净
药剂	水洗干燥后，喷洒药物，用来苏儿等进行舍面消毒，用新洁尔灭等对天花板消毒，把药液加热至20 ℃消毒力更强
器具消毒	除去器具上污物，充分洗净后，浸入消毒槽，2～3天后，再取出水洗后日光消毒

续表

育雏舍周边消毒	除草、清扫、地整平后，撒布生石灰或来苏儿喷雾消毒
福尔马林蒸气熏蒸	把洗净的器具集中雏舍一个地方，雏鸡舍用塑料薄膜密封后，每立方米用高锰酸钾21克、福尔马林42毫升，水21毫升，熏蒸消毒，至少放置6小时以上，熏蒸消毒至少要在入雏前3天完成
器具检查	育雏器：入雏前两天进行试运转，使其处于完好状态 温度计：固定在床面上6厘米处，温度32～35℃

雏鸡出壳时卵黄囊重量占体重的13%～14%，有20%卵黄物质剩余在卵黄囊中，4～5日龄后才能基本吸收完毕。卵黄囊中剩余卵黄是初雏的主要营养源，除给雏鸡早期发育提供必需的能量、蛋白质和氨基酸外，还是雏鸡主要的脂溶性维生素源，如10日龄前雏鸡极少可以消化利用饲料中的维生素A，28日龄内雏鸡对饲料中维生素E吸收很差，雏鸡主要靠肝贮存的由卵黄囊转移至肝脏的维生素A和维生素E。

初生雏体内母源抗体约200毫克IgG，这些抗体均从卵黄囊中转至雏鸡血中，雏鸡的主动免疫未发育完全前，主要靠卵黄囊来的抗体保护自己。所以，胚胎期要严防种蛋污染，确保卵黄吸收良好。初雏期，一定要提供适宜的温度，特别是腹部温度，促使卵黄囊剩余物质尽早尽快完全吸收。

3. 初饮与开食　雏出壳后24小时失水8%，48小时失水15%，每小时平均失水0.1毫升。当失水15%时会很快出现脱水现象，因此雏鸡放入育雏笼后，应及时供应已准备好的开水，前15小时水温要在18℃左右。开始可用0.1%高锰酸钾溶液饮水，进行胃肠消毒。4小时后换饮5%～8%的葡萄糖水，作为快速能量来源和体液的补充，24小时后改用口服补液盐，连用至20

日龄。

1～3 日龄雏的主要营养来自卵黄囊，卵黄囊营养对雏鸡早期非常重要，然而新生雏最初24 小时所需能量为46 千焦，而24 小时内卵黄囊物质分解最多能提供39.4 千焦。在出壳后的12～58 小时之内，在采食条件下雏能增重1～2 克，在绝食条件下减重5 克。如果只供水不供食，雏鸡在12～58 小时内精神活动正常，此后开始精神呆滞、蜷卧，106～130 小时开始出现死亡。这说明卵黄囊虽然能为雏鸡提供主要营养物质，但不能完全满足雏鸡快速生长需要，所以开饮后应尽早开食。一般前3 天，可用七成熟小米或碎大米再加适量熟蛋黄饲喂，不宜喂全价料，否则易引起糊肛。以后再逐渐换成雏鸡料，第1 周每天喂6～8 次，以后每两周减1 次，减至每天4 次不再减。此期雏生长十分迅速，出壳重42 克，4 日龄重85 克，所以最初2～3 周，可用营养浓度高的肉鸡花料。

4. 断喙 断喙时间是7～10 日龄，要选合适断喙器，烧灼时间为2.5～3 秒，不能太快，否则会止血不完全。断喙长度上喙切1/2，下喙切1/3。为防止断喙带来的应激和出血，在断喙前两天饲料中可添加多种维生素，特别是维生素K 和维生素C。断喙后料桶或料槽中饲料要有一定厚度，以方便采食。断喙位置要准确，过长或过短都会影响采食，烧烙不可太过，以免造成永久性伤害。

二、育成期光照管理

1. 性成熟与光照长度关系 育成期光照管理有两大必须遵守的铁性原则：①光照时间不能增加，特别是10 周龄后光照时间绝对不能增加；②光照强度绝对不能增强。养鸡者都清楚，秋雏和春雏相比，多见早熟、小躯、小卵、经济性能差，其原因就在于光照。

鸡在11~12周龄后，对光照敏感性升高，即从10周龄起至22~23周龄，日照长度变化对性成熟有重大影响，如4月10日出雏鸡，10~22周龄受的日照是减少的（夏至后），所以此鸡群性成熟不会提早。而10月15日出雏的鸡，对性成熟影响大的10~22周龄（冬至后）日照变长，此鸡群性成熟时间就提前，往往120日龄就开始产蛋。这样的鸡群，往往是一边产蛋一边减少自身体重，慢慢骨瘦如柴，最终出现微换羽休产。鸡早熟是好的，但极端早熟是有害的。因身体未充分发育就开始产蛋，体力易出现衰竭，饲料效率低下，极易患病和中途休产。

2. 初雏光照　从出壳至10日龄为初雏，此期每天要23~24小时光照，强度要达30~40勒克斯，以促进雏鸡的采食和饮水。以后逐渐减少光照时间和光照强度，一般降低至1~5勒克斯（1烛光=10.764勒克斯），保持能看见采食就可以。2.1米高，装一不带罩60瓦灯泡，每3米间隔一个，这时下面照度为10勒克斯。

3. 育成期光照管理法

（1）开放式鸡舍：35°N左右，2~8月出雏鸡群，10~22周龄光照是缩短的，无需进行光照管理。9月至翌年元月出雏的鸡群，10~22周龄光照是增长的，为了防止性成熟提前，必须进行光照管理。方法是，首先知道鸡群20周龄时的自然光照时间，这个时间加5小时，就是点灯开始时的日照明时间，以后每周减15分钟就可以了。

（2）密封式鸡舍：有两种光照法，①短照法：如10周龄前14小时光照，11~22周龄8小时光照，22周龄末加光照至10小时，以后每周加光照15~20分钟。②渐减法：最初长日照为18~22小时，以后每周减少一点。如最初18小时照明，以后每周减少，到18周龄缩短为6~8小时。

三、育成期温度、湿度、密度和换气管理

1. 温度 出壳后雏体温很快降至39.5 ℃，比成鸡低2～3 ℃。4日龄开始回升，7日龄后方达成鸡体温，2～3周龄体温调节功能才趋于完善，7～8周龄后才具有充分适应外界环境温度变化的能力。

雏鸡第一周后保温伞下的温度（雏鸡肩部温度）为32～35 ℃，以后每周降2～3 ℃，直至接近舍温。为增强雏鸡的抵抗力，减少呼吸道疾病，现一般给温多为下限适温。高温下雏鸡看上去状态较好，但影响采食量，造成雏鸡前期发育迟缓。

雏鸡在适温下白天表现为：分散在育雏器内，卧时腹部向着温源，食欲旺盛，两眼有神，动作活泼，饮水适当，羽毛和脚有光泽，羽紧贴身上，不鸣叫。夜间表现为：满天星状休息，腹部紧附床面，稍有声音和光亮时抬头睁眼环视。如图17所示。

育成舍温第一周应控制在24～25 ℃，与雏鸡舍衔接，以后每周下降1 ℃，直至20 ℃左右。

2. 湿度 育雏初期因育雏器内温度高，雏鸡体内水分散发量大，要求湿度也大。此期雏鸡排便少，从便中蒸发的水分少，所以开食后的第1周舍内易出现湿度不足，要注意洒水加湿或通过喷雾消毒加湿，否则易出现雏鸡脱水，引起卵黄吸收消化困难，羽毛发育受阻，发育不良，死亡增加。此期相对湿度应控制在65%～75%。1周龄后，雏饮水增加，排便增多，舍内湿气上升，而雏鸡对相对湿度的要求下降，故又易引起舍内湿度过大，床面潮湿，这又极易引发球虫感染，所以要注意排湿，此期相对湿度应控制在50%～60%。

3. 密度、换气和光照 育雏初期，最大密度为每平方米50只，4周龄时饲养密度应不多于每平方米20只，8周龄时每平方米不超过10只。为保持好的群均匀性，3～4周龄时要完成分

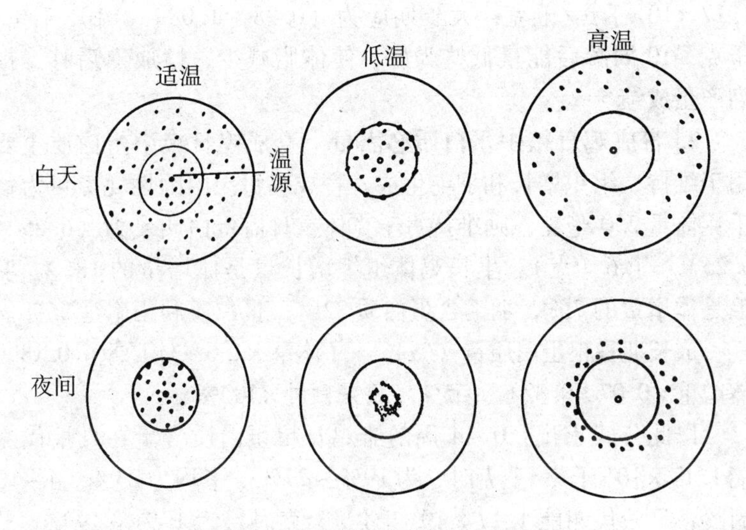

图 17　在不同温度下雏鸡昼夜状态

群。每只料位长度 2.5 厘米，每 50 只一个饮水器或 3 个饮水乳头。换气：入雏初期由于育雏舍内外温差大，空气对流快，不需换气，两周后雏鸡呼吸量增大，粪中有害气体量增多，很易因舍内氨气过量诱发呼吸道疾病，所以必须换气，特别是冬季必须保持最低限度的换气。白天多在中午进行换气，打开排气窗，每次排气时间 20 ~ 30 分钟，晚上关灯前要换一次气。换气时间不可过长，不要使舍内温差超过 10 ℃。光照：最初几天给予 23 ~ 24 小时光照，强度要达 30 ~ 40 勒克斯，以促进雏的采食饮水，以后逐渐减少光照时间和强度。育成期气象环境如表 12 所示。

五、育成期日粮浓度估算

1. 育成鸡日粮中能量必需量　鸡体脂含量变化很大，从初雏的 4% ~5% 上升至成鸡的 20% 。体脂不同，单位体重含能量也不一样。实验测知，日粮中所含代谢能，幼、中雏期应为

1.17×10^4 千焦/千克；大雏期应为（0.98～1.08）×10^4 千焦/千克。10 周龄后能量低些为好，使体脂减少，性成熟后移，提高产蛋成绩。

2. 育成鸡日粮中蛋白质必需量 育成鸡日粮中蛋白质主要用于维持、组织增长和羽毛生成。育成鸡每天内因性耗氮量为每千克体重 250 毫克，则维持每千克体重日需蛋白质量为（6.25×0.25）=1.6（克）。生长鸡体组织增长量是体增量的 18%，羽毛是体增量的 7%，羽毛含蛋白质 82%。蛋白质利用率为 55%。

成长期日粮蛋白质量（%）=（体重×1.6＋体增重×0.18＋体增重×0.07×0.82）÷55%÷日采食量×100%。

以此公式求出：0～4 周龄雏鸡日粮蛋白质含量在日粮代谢能 1.17×10^4 千焦/千克时，为 19%～27%，平均为 23%。4～10 周龄，日粮代谢能 1.17×10^4 千焦/千克时，为 14%～19%，平均 16.5%；10～20 周龄，日粮代谢能 1.08×10^4 千焦/千克时，为 11%～13%，平均为 11%。幼雏期蛋白质含量稍高些好，大雏期稍低些最宜。

表 12 育成期气象环境

项目		冬季	夏季
环境温度（℃）	开食	32～35	32～33
	中雏	10～20	20～30
	大雏	7～10	20～30
温差	幼龄时	平均±10%	
	中雏后	最大 10 ℃	
相对湿度		最低 40%，最高 75% 开食后 4～7 天 70%～90%	

续表

项目		冬季	夏季
换气	换气量	维持上面所要求温度又能除去必除之湿	能控制上面所要求温度，又能除去多湿
	空气轮道	为使舍内温度分布均匀，按饲育样式排气	
	鸡体处风速	寒冷期：15～50 厘米/秒 暑期：50～100 厘米/秒	
照明		照度：1～5 勒克斯，也可按目的调节 时间：可按目的调节	
有害气体		NH_3：控制在（5～20）$\times 10^{-6}$以下 CO_2：控制在 0.3%～0.5% 以下	
断热		不管外面温度如何，要保持上面冬、夏季要求的温度	

六、育成期饲料的期别给予和限制给予

期别给予是不同时期给予浓度不同的方法。现有三段和二段两种给予法。三段划分：0～5（6）周龄（幼雏期）、6（7）周龄～13（15）周龄（中雏期）、14（16）周龄～成鸡（大雏期）。二段划分：0～8（10）周龄、9（11）周龄～成鸡。雏鸡出壳至 4 周龄生长特别快速，其前后营养需求变化明显，可以此作为幼中雏限界，但 10 周龄前后见不到雏鸡生理明显变化，作为中大雏限界，无理论依据，且从幼雏料直接过渡到大雏料，与三段相比，育成期和产蛋期成绩相同，而大雏料蛋白质含量低，价格便宜，所以很多养鸡场现都使用二段给予法。

限制给予是一手段，目的是节约饲料费用，调整鸡群体重，延迟性成熟，增加产蛋量。蛋鸡育成不是直接生产，是为产蛋做准备，此期发育太快对产蛋不利，所以就出现了控制生长的限制给予技术。在育成期当日粮蛋白达一定水平后，再增加蛋白对鸡增重不会产生影响，而能量摄取越多体重就越增长，所以控制生长的关键是控制能量。

限制方法有二：①量的方法：如隔日给予法，把同周龄自由采食量的60%，隔天一次给予。②质的方法：降低饲料的能量和蛋白质，增加复合维生素。

5周龄前雏鸡生长快速，且体重增长与后期的产蛋高度相关，必须让其快速生长，增加体重，且限饲又极易引起鸡群体重不齐，所以不可限饲，限饲要从6~8周龄开始，到18周龄解除。一般在鸡群中选10%鸡自由采食作对照。限制强度以体重达标情况确定，一般从饲料量看，控制在自由采食量60%程度为宜。期别给予和限制给予，目的都是使育成鸡体重和胫长达标。一般8周龄体重平均达600克，以后就很易达到理想体重。

如鸡群体重和胫长都超标（体型超大，很少）或胫长达标，体重超标（大而胖），则通过在一段时间内不增加日饲喂量（不可减量），或降低饲料营养浓度来调控。

胫长达标，体重低于标准（大而瘦），可按时换成育成料，用育成料中再加入适量高能脂肪来调整，但能量增加切记不可过高，否则，鸡易患脂肪肝，出现肝破裂而致死亡。

胫长不达标但体重超标（小而胖），通过适当降低饲料能量，加大饲料中粗纤维和多种维生素量，特别是胆碱量（必要时可每吨料中加氯化胆碱500克）来调控。过肥进入产蛋的鸡群，产蛋无规律，晚上产蛋或产软壳蛋多，易产双黄蛋而引起脱肛，连产性差，产蛋率低。

小而胖的鸡群，大雏期比较多见，所以10周龄后，饲料中粗纤维要求>5%，这不但可防体重超标，且又能使胃肠容积增大，进入产蛋后能承受大食量，以满足产蛋需求。

产蛋前2~3周的超重鸡群，一定要使其超重进入产蛋，不可再限饲，因为此期是输卵管快速发育时期，限饲会严重影响其发育，影响产蛋。

胫长、体重均不达标（小而瘦），首先看鸡群是否患有疾病，在饲养上可采用下面两种方法中的一种调节，一是用增加饲喂次数，加大采食量方法，使之增重，一般采食量增加1克，体重就增加1克，体重不可增加过快，以3周时间增加100克为适宜；二是延长雏鸡料使用时间，但雏鸡料饲喂时间最多延长至10~12周龄，否则，因雏鸡料蛋白质含量过高，鸡易出现肾肿而死亡。一般10周龄前，往往因反复进行疫苗接种等应激，影响雏鸡生长，造成体重、胫长不能达标，必须给以注意。体重与胫长指标如表13所示。

表13　体重与胫长指标

周龄	公鸡		母鸡	
	体重/克	胫长/毫米	体重/克	胫长/毫米
8	820	88	600	83
18	2 070	125	1 450	105
38~72	3 000	131	2 200	106

七、育成期的两段管理与雏鸡的移动

在鸡发病的原因中，除营养与环境因素外，绝大部分是由病原微生物引起的，然而不管多么可怕的疾病，若不让病原体有机会侵入，鸡就绝对不会患病。鸡一生或整个育成期，不让病原侵入，难度极大，几乎不可能，从开食到6周龄是病原体极易感染的时期，实行完全隔离即封闭饲养，在时间上和面积上都是可能的，因此就产生了幼雏和中大雏分离的两段育雏管理。

分离的两舍距离要尽量远点，有条件的最好间隔1千米以

上，卫生上严格管理，供水、供料、饲养和管理人员都要有专人负责，不能随便来往，且要全进全出。

育成时雏鸡的购入、转群等移动是必须进行的，有时还不止一次移动，移动时须注意如下几点：移动前同室雏，移动后一定还要同室；每次移动，鸡群只能变小不能变大；移动后换笼养时，发育差的放上层，发育好的放下层；移动的同时尽量不安排疫苗接种或断喙修喙；移动前 1 天、移动当天和移动后 3 天共 5 天内应加喂复合维生素，以缓解应激；移动要在天气好的前半天进行，发育不好的要进行淘汰；即使是短的时间和距离，也不能随便装笼，每笼装鸡只数要适当，55 厘米 ×79 厘米 ×32 厘米笼：40 日龄 20 羽，45 日龄 18 羽，60 日龄 15 羽，120 日龄 13 羽。

若是出售输送，须注意如下几点：输送要晴天进行，午前到达，以便有时间入舍，夏天晚上装笼，夜间输送，第二天早晨到达；运输笼要专用，要能充分换气，把输送应激限制在最小；输送前 6 小时断食，4 小时断水，水必须是后断，到达目的地鸡舍后要先给水后给食；一定要禁止移动时断喙或疫苗接种；发育不良雏鸡不要运输；到达目的地鸡舍后，为了使雏鸡早日消除疲劳，要加喂 3 ~5 天复合维生素；由于移动应激，很可能诱发球虫或其他疾病发生，所以移动后 1 ~2 周要注意观察雏鸡状态，不可大意，必要时要立即进行药物预防。

第二节　产蛋鸡饲育技术

进入产蛋期，鸡生产中出现“三快”，即产蛋率上升快、蛋重增加快、鸡体重增长快。饲养管理上只有满足“三快”需求，鸡才能充分发挥产蛋遗传潜力。否则，鸡要动用体内的贮备，致使体重减轻，体质变差，抗病力下降，甚至发生疾病感染，所以

必须高度重视产蛋前期的科学饲育。

产蛋后期，一般指48周龄至淘汰，是鸡群生产性能平稳下落的阶段，这个阶段鸡体重几乎没有变化，但是蛋重增大、蛋壳质量变差、腹部脂肪沉积，此期易患输卵管炎、肠炎。然而产蛋后期的产蛋量占到了整个产蛋期的50%左右，且部分养殖户在500多日龄淘汰时产蛋率仍维持在70%以上的水平。所以，保证产蛋后期鸡群生产性能的发挥，防止产蛋率快速降落亦十分重要。

一、转群前后饲养管理

把育成鸡从育成舍转到产蛋舍笼中，移动的疲劳，笼养的狭小环境和新的伙伴，在心理上和环境上对鸡都是应激，为把应激减至最小，转群前后对策如下。

（1）鸡群健康状况好时转群。

（2）转群日龄不可过迟，一般开产前两周必须移动完，以不使开产应激与移动应激叠加。开产前两周，鸡垂体促性腺激素（FSH、LH）分泌骤增，输卵管和卵巢发育快速，两周体重增加400克，若两应激叠加，影响生殖器官发育，则对鸡产蛋性能负面影响很大。

（3）修喙和疫苗接种均须在转群前两周完成。

（4）转群前两天和转群后三天要加喂复合维生素以减缓应激强度。

（5）夏天转群要在早上或夜间凉爽时进行，转群后要立即饮水，移动再忙，也不能延误供水。

（6）成鸡舍温度、光照要与育成舍衔接，特别是不要急速增加照明时间；转群时要按体重进行分笼，小体重放笼的上层并加强饲养。

转入成鸡舍后，饲喂饲料会很快换成营养浓度高的产蛋饲料，日粮营养浓度（蛋白、能量）和饲喂量的确定，要充分考虑舍温和体重，舍温每上升0.55 ℃，采食量减少0.5%，夏天食量降至100克以下是不足为奇的，必须特别注意饲料中的能蛋比。

体重小不达标时，一定不要增加光照，应强化其营养，使其尽快达标。

转入成鸡舍的时期正是卵泡进入快速发育日龄，抗体从血中向卵黄中转移，鸡抗病力弱，所以此时一定保护好卵巢不受伤害，特别是支原体阳性鸡群，往往因开产应激诱发支原体蔓延而侵害卵巢，使产蛋无峰值。为保护卵巢，保证卵泡发育，此时日粮中最好加喂复合多维和无残留、无副作用的保健中药清瘟败毒散。

二、产蛋期日粮营养浓度估算

1. 产蛋鸡日粮中能量必需量 产卵必需的能量（ME）包括维持、产卵、发育三部分。其量因研究者不同而略有差异，实际比较常用的估算方法如下。

（1）维持必需量：维持必需量因环境变化而异，大致是每变化1 ℃相差8.36千焦，表14是产蛋鸡每羽每天维持代谢能必需量。

（2）产卵必需量：产1克卵需9.95千焦。

（3）体增重必需量：体重每增加1克需20.9千焦。

日粮能量必需量计算公式

日粮能量必需量 = ［维持量 + 体增重（克）×20.9 + 日产卵重（克）×9.95］÷日采食量（千克）

如在适温阈（10～20 ℃）：体重1.7千克、日平均增重2克、日平均产卵55克、日平均采食量120克，青年母鸡群

日粮能量（ME）=［维持量 + 体增重（克）×20.9 + 日产卵重（克）×9.95］÷日采食量（千克）=［819.28（表中

值）+2×20.9+55×9.95］÷0.12≈11 736（千焦/千克）

表 14　产蛋鸡每天每羽维持代谢能必需量（千焦）

环境温度/℃	体重/千克				区分
	1.7/千克	1.8/千克	1.9/千克	2.0/千克	
30 以上	693.88	706.42	718.96	735.68	酷暑期
25～30	735.68	748.22	760.76	777.48	高温期
20～25	790.02	790.02	802.56	819.28	温暖Ⅰ
10～20	819.28	831.82	844.36	861.08	温暖Ⅱ
5～10	861.08	873.62	886.16	902.88	寒冷期

2. 产蛋鸡日粮中蛋白质必需量　产蛋鸡必需蛋白质量由维持、产卵、体增三部分组成，产蛋鸡饲料蛋白利用率为48%。

日维持：鸡组织器官要老化更新，每天都有内因性蛋白被代谢，其量为每千克体重1.1克。

日产卵：鸡卵中含12%蛋白质。

日体增：鸡从开产时体重1.35～1.4千克，经过20周产蛋，体重上升至1.8千克。产蛋鸡体组织蛋白质增长量占体增量的20%。

产蛋鸡日粮中蛋白质必需量（%）=（日维持必需量+日产卵必需量+日体增必需量）÷0.48÷日采食量（克）×100%
=［体重×1.1+日产卵重（克）×0.12+日体增重（克）×0.2］÷0.48÷日采食量×100%

前述平均体重1.7千克、日平均产蛋重55克、日平均体增重2克、日平均采食量120克青年母鸡群，日粮中蛋白质必需量，按上面公式计算应为

(1.7×1.1+55×0.12+2×0.2)÷0.48÷120×100%≈15.5%

实际生产中，配合原料所含蛋白质和氨基酸量不是直接分析

值，而是从养分表中查出的，且不同原料氨基酸有效率和氨基酸不平衡度是有差异的。因此，计算出的蛋白质必需值，一般需再加5% ~10%安全系数，15.5%再加5%安全系数为16.5%，加10%安全系数为17.5%，即平均体重1.7千克、日平均产蛋重55克、日平均体增重2克、日平均采食量120克青年母鸡群，日粮中蛋白质必需量应为16.5%或17.5%。

三、产蛋期日粮中能量蛋白比

鸡是能量型动物，采食量受能量规制，日粮中蛋白质也必须随能量高低而变动，此称为能蛋比。

日粮蛋白量除与能量相关外，还与不同产蛋期和外界气温相关。外界气温对采食量影响很大，气温低于适温阈，采食量就增加，反之就减少。总之，能蛋比的比值由日粮能量、产蛋期和环境温度共同决定。

表15是蛋鸡不同季节理想的能蛋比，依表15能蛋比，只要知道饲料中ME，就能求出该饲料中合适的蛋白含量。如ME为11 286千焦/千克，酷暑期，产蛋前期鸡，日粮蛋白质含量应为11 286 ÷618.64≈18%。

表15　产蛋鸡理想的能蛋比

时期	产蛋前期	产蛋后期
酷暑期	618.64 ±8.36	652.08 ±8.36
高温期	639.54 ±8.36	672.98 ±8.36
温暖期Ⅰ	660.44 ±8.36	698.06 ±8.36
温暖期Ⅱ	681.34 ±8.36	718.96 ±8.36
寒冷期	698.06 ±8.36	744.04 ±8.36

四、产蛋期理想蛋白

氨基酸组成和比例与动物的氨基酸需求相吻合的蛋白，即含有最佳氨基酸组合和利用率的蛋白，称理想蛋白。

氨基酸组成蛋白质时，遵循的是水桶理论，即氨基酸必须按一定比组合，各氨基酸利用度才最佳，生理效应最大。理想蛋白就是依据这一原理，通过饲养实验求出的。一般是以赖氨酸为100来表示。

然而，不同蛋白质氨基酸组成、可消化性和吸收利用率不同，实验鸡群所处产蛋期及鸡舍环境条件差异，产蛋鸡理想蛋白有相当的差异，所以，理想蛋白在蛋鸡上还处于试用阶段。表16所示是一组蛋鸡理想蛋白。

表16　鸡日粮中理想蛋白近似值

氨基酸	比值	氨基酸	比值
赖氨酸	100	亮氨酸	140
蛋氨酸+胱氨酸	70	组氨酸	40
色氨酸	20	苯丙氨酸	130
苏氨酸	70	缬氨酸	56
异亮氨酸	75	精氨酸	100

五、峰值促进营养

蛋鸡一般18周龄移入成鸡舍，20周龄时有3%左右鸡开产，175日龄（约6个月）迎来50%产蛋率，即开产。

开产后，产卵率迅速上升，卵重一天天变大，鸡仍以一定速度增加体重，且还要为以后的长期产蛋积蓄养分，因此，此期各种营养需求量都需增加。营养需求量虽然都需要增加，但一些特定营养成分并不像育成期那样成比例增加，如每天摄入的蛋白质，70%用于产蛋，而每天摄入的能量，正常舍温下，只有35%用于产蛋，很明显产卵对蛋白质需求量增加的特别多。为使鸡产蛋遗传力能充分发挥，使产蛋峰值能适时到来，此期除对鸡的各种营养都应适当满足外，供给足量蛋白质显得十分必要。一般在此期日粮中蛋白质量最好提高1%。此期蛋白质营养水平一低，90%以上产蛋率很难出现，即使出现，也会有蛋重轻、蛋个也小、产小蛋持续时间很长、峰值持续时间短，峰值后出现典型落蛋现象。此期营养称峰值促进营养。

峰值促进营养非常重要，因初产到盛期日数和盛期产蛋率高低，与鸡群一生产蛋成绩高度正相关，以此成绩可预测鸡群一生的成绩。峰值产卵率多上升5%，年产蛋量就增加5%。好的鸡群开产后，每天可上升5%，两周能达峰值，90%以上产蛋率可持续4个月以上。经35~40天仍未达峰值鸡群，峰值很低，甚至无峰值，蛋鸡一生肯定无好的产蛋成绩。

鸡群蛋重峰值比产蛋率峰值要晚出现一个月，一般是蛋重峰值到达后再把促进营养恢复到产蛋前期饲养水平。

六、产蛋鸡后期饲养管理

此期要适当降低日粮营养浓度，防止鸡过肥，引起脂肪肝，造成产蛋性能快速下降。一般鸡群产蛋率高于80%时，继续使用高峰期饲料；产蛋率低于80%时，换成产蛋后期料。环境的适宜与稳定是产蛋后期饲养管理的关键点，产蛋的适宜温度在18~24℃。相对湿度是55%~65%。同时舍内适时通风换气，保持空气新鲜清洁。确保光照强度维持在10~20勒克斯，严禁降低光照强度、缩短光照时间，严禁随意改变开、关灯时间，舍内照明灯泡要经常擦拭。

适当增加饲料含钙量，以确保蛋壳质量。同时要注意预防坏死性肠炎发生。

七、产蛋期气象环境

70～80日龄后的鸡与幼龄鸡相比，虽然对气象变化适应力大了，但随着产蛋性能的提高，要想使鸡群发挥最佳遗传性能，鸡舍还必须有一定的控制舍内气象的设施。成鸡舍应备的气象环境如表17所示。

表17　鸡舍气象环境

	冬	夏
环境温度	最高20 ℃，最低2～5 ℃	最高30 ℃，最低20 ℃
温差	10 ℃以内	10 ℃以内
相对湿度	最高75%，最低49%	最高75%，最低40%
换气	鸡体表风速20～50厘米/秒	鸡体表风速50～100厘米/秒

在我国南方夏季，把舍温控制在30 ℃以下是不可能的，而北方冬季无暖气鸡舍控制5 ℃以上也是不可能的。往往出现下列情况：①冬天因严寒，饲料效率显著变坏，产蛋减少，淘汰鸡增多。②早春、晚秋气温日差大时期，呼吸器官疾病多发，常因呼吸道病使产蛋严重下降。③夏天热浪袭来时，中暑死亡增加。

1. 温度　环境温度对成鸡影响，依次是饲料摄取量、卵重、产蛋率和体重。环境温度降至2～3 ℃以下时，产蛋要减少，升高至24～25 ℃时卵重开始变轻，破蛋率开始增加。升至30 ℃上下时，产蛋显著减少。高温下鸡会出现热性呼吸（喘），每分钟多达140～170次，导致鸡生理功能异常。

通过日粮浓度随日摄取量进行调整，可使舍温在30 ℃高温时产蛋率不受影响，在24 ℃以下时卵重也不受影响。

日粮浓度一定时，产卵率、卵重和卵壳厚度都是变温环境好于恒温环境，死亡率也是在变温环境时低。

环境温度对饮水量影响很大，高温使饮水大增，粪内水分增加，出现稀水便。为散发体热量呼出水分量也增加，使舍内环境恶化。

2. 湿度 湿度在适温下（13～25 ℃）对鸡影响小。高湿或低湿时使感觉温度上升或下降，高湿可使病原菌增殖。成鸡舍最低温度在2 ℃以上时，允许空气相对湿度在75%以下。高温下应尽可能把空气相对湿度降低些，尽可能使舍内温差大些。

3. 换气 换气管理原则与育成期完全相同。换气量过大会引起饲料效率低下，所以常温时应把换气量控制在必需最小量。炎夏要尽最大潜力换气，30 ℃以上气温时鸡体处风速每秒0.8 米效果最好。气温上升到35 ℃时，风速每秒1 米也不多，但夜间鸡的产热比白天要减少30%，风速一强，皮肤散热就会过快，有使青年母鸡产生换羽的危险，所以强的风速只能在舍温高的时段使用。

八、产蛋期光照

产蛋期光照原则：光照时间要在13～14 小时以上，绝对不能缩短，光照强度要达10 勒克斯，绝对不能减弱。一般是体重1.4 千克，此时主羽已换齐，日龄20 周龄，产蛋率3%左右，开始加光照，每周增加15～20 分钟，光照时间达17 小时时就不要再增加，此时再增加也不会起到增蛋效应。光照时间千万不要增加太快，因光照能很快使鸡产蛋，然而泄殖腔周围肌肉发育跟不上，肌肉弹力差，产蛋后泄殖腔不能很快复位，就会出现脱肛。

九、暑夏饲养管理

鸡无汗腺，对高温忍耐力差，特别是高温多湿的暑夏可使鸡体温升高，即使有风，在不除湿情况下，鸡体感温度也很难下降。外界气温29.5～38 ℃时，温度每升高1 ℃，鸡采食量就下

降1.5%，超过38 ℃采食量急剧下降，暑夏每天食量减少10%～15%是很容易的。体重1.8千克轻型蛋鸡日需ME（1 295.8～1 379.4）千焦，当摄取的能量降到1 086.8千焦以下时，产蛋量就显著减少。

为了防止暑热季节鸡中暑，以及把食量和产蛋率的下降控制在最小限度，在饲养管理上应注意以下方面。

（1）鸡舍要隔热降温：屋顶装隔热层，装湿帘、电风扇、鼓风机及经常洒水等。洒水可使舍温降低2～3 ℃。鼓风换气风速要均匀适度，风速过大会引起换羽休产。

（2）注意饮水：正常情况下，鸡饮水量为采食量的2倍左右，即200～250毫升，暑热天饮水可增至食量的5倍，即500毫升以上，特别是进入产蛋峰值期的青年母鸡需水更多。2～3小时断水采食量就显著减少，12小时断水数日产蛋受影响，所以夏季给予充分的新鲜冷水很重要。

（3）饲喂时间：暑热季节一般在凉爽时饲喂，即黎明和晚上两次饲喂，因鸡的采食高峰在天亮后的产蛋时间带和晚上。特别是晚上，鸡喜食含钙多的物质如贝粒。高温的中午不要喂食。

（4）增加食欲：高温夏季，鸡每天能量摄取量降低到1 086.8千焦以下，产蛋率就显著降低，此时，饲料里除加助消化剂（如复合消化酶类）外，还可增加一次饲喂。即使不加料，翻动一下料槽中的饲料，也可促进采食。夏天采食量降低10%～15%时，能蛋比也要减少10%～15%，即此时能蛋比为627～655。

（5）加喂维生素C：鸡肾脏可以合成维生素C，一般情况下鸡体内是充足的，但温度一高合成量减少，维生素C可能耗尽。每千克日粮中加45毫克左右，可有效防止鸡体温升高。

（6）日粮中加0.3%碳酸氢钠和1%氯化铵，或添加中药解暑剂，预防中暑。

十、秋天饲养管理

炎夏季节，鸡既产蛋又减食，体内贮备用尽，酷暑引起的疲劳，使鸡群体质已经很虚弱，入秋后又出现日照时间缩短，很易引起垂体前叶促性腺激素分泌功能低下，导致微换羽、休产。所以，入秋后要特别注意加强营养，补加光照，必要时把光照时间增至17小时。

初秋的残暑（秋老虎）使鸡群采食量再度下降，对刚耐过炎夏的鸡群无异于雪上加霜，极易使产蛋率大幅降落。

深秋寒流袭来的应激，昼夜温差的加大，又易引发鸡呼吸道病。所以入秋后日粮中要特别注意补加能缓解应激的维生素——复合多维，特别是能提高鸡体温调节功能维生素（维生素 B_2、维生素 B_6、维生素 B_{12}）和能增强呼吸道黏膜抗病力维生素（维生素 A、维生素 E）的补加。

十一、严冬饲养管理

鸡对寒冷的适应能力是比较强的，在0 ℃气温下，只要让鸡自由活动，鸡就能很好耐受。在寒冷气温下，鸡为了维持体温就要增强代谢、增加采食量。如以18 ℃为基准，每降低5 ℃所需代谢能就增加83.6千焦，采食量就增加10%。为节省饲料，维持高的产蛋率，把冬季舍温控制在临界温度下限5～10 ℃是很必要的。我国北方冬季经常有寒风侵袭，寒风可使体感温度大幅下降，如每秒3米风速在气温10 ℃时使鸡体感温度相当于0 ℃。冬季昼夜温差很大，黎明时往往温度降得很低。寒流、寒风、黎明低温对鸡有很强的应激，不但使产蛋量下降，而且能诱发呼吸器管疾病，还能使部分鸡产生换羽休产，导致产蛋量长时期不能恢复。

鸡代谢旺盛，单位体重需氧量是人的5倍，2千克体重母鸡

每天排出53升二氧化碳，因此，对鸡来说冬季鸡舍也得保持最低必需量的换气。

严冬季节产蛋鸡饲养管理需注意以下方面。

（1）鸡舍保暖：为使鸡舍保暖，鸡舍要有绝热装置如天花板，窗子要用塑料密封，且上部要留开口，以利于换气。

（2）换气要控制在最小限度：中午舍内空气中尘埃、细菌数最多，夜间灭灯后急剧减少，可减到与外界相等程度。所以，中午换气特别重要，开窗换气时也不是整个中午都开，而是每次开10～20分钟，可开数次。这样，既可换气又可保暖。

（3）鸡冬季采食量增加，舍温从15℃降到0℃时，每天每羽要增加采食量17～18克，夏天每羽每天采食105克的鸡冬天可增到120克。食量增加对达到峰值是必要的，但峰值过后，体已成熟的老鸡，因食量增加可形成脂肪鸡，严重影响后期产蛋。

（4）小体躯鸡（皮下脂肪少、体温调节能力差）、羽装差老鸡（长期产卵，体力未能恢复），易受低温影响，这类鸡为维持体温能量需增多9%，要特别注意保暖。

（5）舍温25℃时，每羽每小时可产热2.09千焦。为了能很好利用体热保温，黎明时饲喂一次饲料，以利用体热防止黎明的低温。

（6）加喂有体温调节功能的维生素（如维生素B_2、维生素B_6、维生素B_{12}）和强化体力及黏膜抗病力的维生素（维生素E、维生素A），以防部分鸡患病、换羽休产。

十二、蛋壳异常防控

蛋壳异常指所产的蛋出现薄壳、软壳、斑壳及褪色等现象，虽无鸡只死亡，但能严重影响养鸡经济效益。蛋壳异常原因如下。

（1）钙是构成蛋壳的主要原料，一般情况下钙摄取量增加1

克，蛋壳重就增加0.06克。但是，饲料中钙每增加1%，蛋重就减少0.4克，因为钙的增多会使饲料适口性降低、采食量下降。因此，饲料中既要添加足量的钙、保证蛋壳质量，又要把对采食量的负面影响降至最小。一般产蛋鸡高峰饲料中钙要保证达3.5%，夏天可增加至4%（极限值）时不可再增，否则，料变的太碜，严重影响采食和产蛋。

日粮中钙磷比例要适当，因钙磷的吸收是协同的，适宜的磷可促进钙的吸收。产蛋鸡钙磷比为5.5:1。一旦钙源不足或钙磷比例不当，就会出现蛋壳异常。

（2）维生素D_3在促进钙的小肠吸收和钙从骨中动员是必需的，它能使小肠对钙的吸收提高1倍。维生素D_3是脂溶性的，吸收需脂肪协助。日粮中维生素D_3不足或日粮中脂肪缺乏，会影响钙的吸收，引起钙的不足。

（3）血液中的碳酸氢根（HCO_3^-）是形成蛋壳的主要原料，暑天鸡常出现热性呼吸，结果二氧化碳被大量呼出，血中碳酸氢根离子减少，蛋壳变薄。

（4）产蛋前期，钙的肠吸收率是55%～60%，后期减至40%，钙的肠吸收能力随周龄增加而减弱，而蛋重却随周龄增加而增大，形成蛋壳重在蛋重中的比例下降，蛋壳变薄。

（5）一些疾病如禽流感、非典型新城疫、传染性支气管炎及输卵管炎等疾病，维生素A缺乏、锰不足、霉菌毒素中毒等都能引起蛋壳腺分泌异常，蛋壳变薄。

蛋壳异常防控措施：

（1）增加钙的肠吸收：粉性钙通过肠管的时间是18小时，粒性钙（如贝壳粒）在肌胃中停留时间长，通过肠管时间是24小时，钙的肠吸收持续时间长，吸收量多，能改善蛋壳厚度。粒性钙多晚上喂时添加，特别是产蛋后期，钙吸收不良时更需添加粒性钙。

（2）适时换成高峰料：8～18 周龄成长鸡，给予高钙饲料，能产生高钙低磷尿，引发肾炎、痛风、尿结石和高死淘率；18 周龄后给予高钙就不会出现高钙低磷尿症。所以，整齐度好的鸡群，18 周龄后可直接换成产蛋高峰料。此时雌激素分泌增多，在雌激素作用下，骨髓骨开始贮钙，提前两周使用高峰料，骨开产前能贮存 5～6 克钙。更换饲料一旦延迟，骨钙贮备不足，蛋壳就变坏，且最初的 20 周内均受影响。

若鸡群整齐度很差，可先换成含钙 2.5% 过渡料，待鸡群产蛋率达 5% 以上时再换成产蛋高峰料，以防发育差的蛋鸡长期饲用高钙料损伤肾脏，发生肾性腹泻。

（3）把日粮中氯化钠降至最低必需量：减少氯离子（Cl^-）可增加肾对碳酸氢根离子的重吸收，从而提高血液中碳酸氢根离子水平。饲料中加 0.2% 氯化钠就可对产蛋提供足够的氯离子。同时日粮中再加入 0.1% 硫酸钠，提供另外所需钠离子（Na^+），同时硫酸根又可节省含硫氨基酸，所以日粮中氯化钠保持 0.2%，再加 0.1% 硫酸钠，可改善蛋壳质量。

（4）添加维生素 C：日粮中添加维生素 C，可防止鸡体温随外界温度升高而升高，鸡体温一超过正常体温，蛋壳就变薄。所以，夏天添加维生素 C 可防蛋壳变薄，一般添加量是 45 毫克/千克。

（5）添加维生素 D_3：维生素 D_3 能促进钙的肠吸收，所以饲料中要添加充足，且饲料中要含适量脂肪，以保证维生素 D_3 的吸收。

（6）疾病与药物：新城疫、传染性支气管炎、慢性呼吸道病等呼吸器官疾病也是软壳蛋和蛋壳不良的重要原因，要注意预防。磺胺类药物能抑制子宫部碳酸酐酶活性，此时血中钙即使充分，也产软蛋，产蛋期使用时要注意。

（7）增加饲料中钙含量：产蛋后期钙的肠吸收变差，蛋壳易变坏，所以要注意适当提高饲料中钙含量，必要时钙可提高到4%极限值。

十三、强制换羽

换羽是羽毛生长组织老化、卵巢功能减退协同诱发，是一种生理现象，换羽都伴有一定时期休产，再开产后产卵率可持续升高一定时期。强制换羽就是利用鸡的这一生理特征而产生的饲育技术。

产蛋鸡产一定时期蛋后，人为抑制卵巢活动，使其停产，诱起换羽。换羽后进入下一周期产蛋。这样使高产商品蛋鸡能多养一年，可减少育雏成本，提高整体经济效益。

人工诱使换羽，现最常采用的方法是绝食绝水法。通过断水断食，给鸡群加一极强应激，打乱其生活规律，使产蛋鸡激素分泌失调，卵巢雌激素分泌减少，卵泡萎缩，引起停产和换羽。换羽后体重增加，生殖器官增大，鸡体组织“返童”，迎来下一轮较高产蛋周期。其实施方法如下。

（1）强制换羽方法：开始3天断水断食，3天后开始供水，仍继续断食。春夏温暖季节断食15～25天；秋冬因寒冷，断食5～10天；7～8月实施强制换羽，断食为14～15天。

（2）开食时间：以体重和鸡的表现为指标，体重减至75%为开食时间。随机选30只鸡，断食前称重，春季温暖季节，断食第8天称一次体重，若未减到原来体重的75%，到第10天再称一次，以减少到75%为开食日期。

随断食时间延长，鸡动作变迟缓，不再骚动，冠发绀，把鸡取出逆向拉背部羽毛，若很易脱落，此时已到开饲时间。这种方法与体重测定配合，更能准确掌握开饲时间。

（3）开食饲喂法：因绝食鸡消化道功能降低，开食就让其饱食可能出现消化不良，而让其慢慢恢复仍近于断食，对鸡不

利，因此应根据情况在不引起消化不良前提下尽快达到饱食。有5天内达饱食的，也有10天内达到饱食的，视鸡的具体情况而定。

如鸡已老，强制换羽后较短时间要淘汰，强制换羽后用成鸡料。若鸡较年青，强制换羽后利用时间长，强制换羽后可用大雏料。大雏料与成鸡料相比，再开产时间可能推迟一些，但峰值后的高产蛋率可较长时间维持，更合算。

强制换羽后，羽毛再生时，饲料中含硫氨基酸要达0.7%以上。羽毛再生完全后再把含硫氨基酸换成正常料水平。

（4）强制换羽时照明时间要缩短，这可促使产蛋鸡停产，饱食后要增加照明时间以促使蛋鸡再开产，开产达30%时可加喂复合多维，以提高产蛋率和蛋重。

（5）强制换羽前产蛋率低的鸡，想通过强制换羽把产蛋率升得很高是不可能的。强制换羽后最少要持续6个月较高产，否则不合算，所以何时强制换羽要很好把握。

（6）疫苗要在强制换羽前接种，再开产时接种则会影响产蛋。

第三章 鸡侵袭病发病特征

侵袭病包括传染病和寄生虫病。由于鸡群免疫次数的增多、免疫剂量的加大及药物保健的普及，侵袭病在发病上呈现出临床症状、剖检变化非典型化，感染持续化，致病多病因化增多及条件性感染病在鸡群中呈连绵不断的趋势。现就这些发病特征解析如下。

第一节 感染病的非典型化

“物竞天择，适者生存”，由于高密度、大剂量疫苗的免疫接种，病毒在复制过程中为逃避疫苗杀伤而发生变异，使疫苗保护力变弱，疫苗较弱保护力和病毒毒力，正邪交争，呈现胶着状，使临床症状表现温和，病理变化变得非典型。

一些“型多易变”病毒，在复制过程中常发生变异，变异导致了强毒，甚至超强毒株出现，这些毒株既能突破高母源抗体对雏鸡的保护，又能使大龄不敏感鸡群变得敏感，使鸡发病日龄前移后推，发病日龄出现了非典型。

免疫器官合成分泌的抗体，有全身抗发病和局部抗感染之分，若鸡体对某传染病处在能抗发病不能抗局部感染状态，野毒一旦侵入，鸡虽不能发病，但局部能发生感染，仅感染部位产生病变。病理变化、剖检症状往往非典型。

再加上转群、断喙、换料、免疫接种等不可避免的应激及免疫抑制因子在鸡群中到处存在，使非典型疫病在集约化鸡场经常发生。

1. 非典型性新城疫　免疫比较正规，有较高抗体的鸡群或有母源抗体的雏鸡，出现新城疫感染。发病无明显季节性，其临床症状和剖检变化不典型，但能引起产蛋鸡产蛋率下降，给鸡场造成较大的经济损失。常见的非典型性新城疫临床症状和发生原因如下。

（1）雏鸡 20～40 日龄为发病高峰期，初期出现呼吸道症状，呼噜、气喘、摆头、试图排出口内大量黏液，有吞咽动作，抵抗治疗，且有少量死亡，后期出现歪头、扭颈、转圈等神经症状。

原因是首免和二免间隔时间过长，雏鸡体内母源抗体有高有低，首免只能使母源抗体最低部分获得保护，若首免和二免时间相隔超过 15 天，母源抗体偏低或中等偏下水平雏鸡就因失去母源抗体保护而易感，野毒侵入，引起发病。

（2）产蛋鸡主发于产蛋峰值前后，160～250 日龄为发病高峰。早期有很轻微的呼吸道症状，2～3 天后产蛋出现波动，采食量出现下降，4～5 天后，产蛋量快速下降，产蛋率下降从几个到十几个百分点不等，蛋壳变薄，壳色变浅，7～10 天产蛋下降达低谷，1～2 个月才能恢复，无死亡或陆续有个别死亡。

原因是疫苗使用不当，产蛋前的一次免疫，仅接种油苗而未接种活苗，结果鸡体内循环抗体高，黏膜局部抗体低。鸡群循环抗体≥9log2，才能完全抵抗野毒感染，抵抗发病。鸡群长期保持 9log2 以上抗体滴度十分困难，如成鸡 I 系苗免疫：抗体平均升至（6～9）log2；成鸡油苗免疫，抗体最高才升至（10～13）log2。仅用油苗免疫鸡群，局部抗体低，遇野毒攻击时，鸡能抗发病，但不能抗感染，病毒可在呼吸道、生殖道、肠道和泄殖腔黏膜上繁殖，引起呼吸障碍，蛋壳异常，有时还出现绿便。

（3）鸡群整体状态不错，采食、产蛋均无异常，但是突然出现死淘率增高，剖检死鸡见典型新城疫症状。原因是鸡群中有野毒污染，鸡群中鸡只体内抗体滴度高低不一，呈正态分布，总有少数鸡只因应激等原因，免疫失败，抗体滴度低，免后不长时间就失去保护作用。野毒一旦侵入，这少量鸡（HI＜4log2）必引起感染发病死亡。鸡群中其他鸡只，部分鸡感染，耐过后产生极高抗体（＞15log2）；部分鸡感染不发病（＞8log2），部分尚未感染。对这样鸡群，若不进行紧急免疫，随时间推移，感染未发病和未感染鸡只，体内抗体会快速下降而出现连续感染，病毒在鸡舍潜在，成为传染源。鸡群虽外观正常，但死淘率高，鸡场极易暴发新城疫。

非典型新城疫缺乏典型新城疫的剖检变化，如腺胃乳头、肌胃腺胃交界处、腺胃食管交界处出血多不见出现，而在小肠的十二指肠游离部、卵黄囊蒂前后 3～5 厘米处、夹于两盲肠之间部和直肠处淋巴滤泡出血很常见，在非典型新城疫诊断上具有确诊意义，如图 18 所示。用中药清瘟败毒散 0.5%～1% 拌料饲喂可有效防控非典型新城疫。

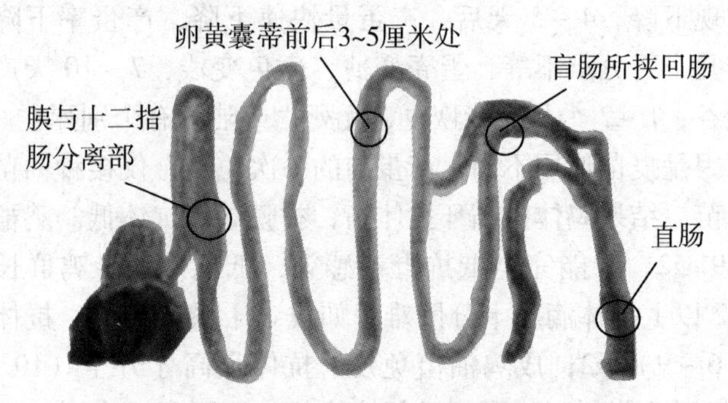

图 18　非典型新城疫出血部位

2. 非典型禽流感　正规免疫鸡群感染禽流感后，发病率低，

临床症状较轻，蔓延缓慢，病理上无典型病变，称此为非典型禽流感，也称温和性禽流感。非典型性禽流感发生原因，主要有以下方面。

（1）疫苗对鸡群的保护，由全身循环抗体和黏膜局部抗体共同担当。禽流感的免疫到目前为止主要是依赖灭活油苗的免疫，产生的抗体以循环抗体为主，因缺乏弱毒苗免疫，造成黏膜免疫作用缺失，不能全方位地对禽流感产生保护。

（2）禽流感病毒多型易变，有的变异株能突破原先获得的免疫保护，但疫苗对变异株也有一定免疫力，对其致病性有一定抑制，两者对抗的结果，使鸡群发病非典型化。

（3）禽流感临床症状的轻重取决于流感病毒毒力、鸡群免疫状态。抗体水平高、离散度小，临床症状就很轻，蔓延很和缓；反之，症状就重，蔓延就较快。鸡群中抗体低的鸡先发病，随着病毒对机体的侵袭，抗体滴度被中和而下降，那些抗体较高鸡只也会逐渐发病。

禽流感病毒致病有以下特点：

（1）有细菌混合或并发感染时，流感病毒毒力增强，对鸡体损伤严重。所以，健康度好的鸡群，临床症状轻，亚健康状态或处于应激状态鸡群病情加重。

（2）可能与产生的干扰素和其他非特异性免疫因子有关，新城疫抗体滴度高的鸡群感染流感病毒后，临床表现比抗体滴度低的鸡群轻，死亡率明显降低。但若将流感误诊为新城疫，用Ⅰ系疫苗做紧急接种，2 天后死亡率会急剧增加。

（3）禽流感与新城疫不同，可用药物进行预防，但必在感染之前或感染的初期用药，药用量必须是治疗量，且连用 2 个疗程，用药迟了预防效果差或无效。

（4）感染鸡群康复后 3 周，鸡体及生存环境均不带毒，即一般不呈现“载体状态”。

由于免疫鸡群抗体水平高低、离散度的大小差异，非典型禽流感临床症状差异很大。其共同点如下。

（1）抗体水平高、离散度小的鸡群，几乎无临床症状，产蛋率不升或稍有下降，降幅一到几个百分点。抗体水平低、离散度大的鸡群，产蛋率每天可下降3%～5%，产蛋率降得多，持续时间长，有时可持续1～2个月，从90%以上峰值降至70%或60%很常见，即使采取很多措施也无法恢复到原产蛋水平。

（2）蛋壳色泽变浅，蛋壳变薄。

（3）流眼泪、眼周围肿胀，鸡只像戴眼镜一样，散发于鸡群中。

（4）有鸡只出现下痢，拉稀便。

（5）严重时见呼吸困难，呼噜，流黏鼻涕。

非典型禽流感可用中药清瘟败毒散治疗，用广谱抗菌药来控制其继发感染。

临床上免疫鸡群疑似非典型H5N1亚型禽流感时有发生，死亡率一般不太高，传播速度缓慢，从舍内出现异常死亡到全群均匀出现死亡病例，一般需3～7天。开始鸡群有鸡只死亡，抗生素治疗无效，但大群精神正常，采食量、粪便、产蛋率和蛋壳质量变化不大。几天后产蛋迅速下降，蛋壳褪色，软皮蛋增多，死亡逐渐增加。以后死亡减少，产蛋缓慢恢复。产蛋恢复情况与鸡群抗体水平及有无继发感染密切相关，病程长者达一个多月，总死亡率为10%～50%。发病后切记不要用新城疫活苗免疫接种，特别是新城疫Ⅰ系疫苗，否则死亡增多。

初期可使用清瘟败毒散加虎杖、大黄、穿心莲、板蓝根等，大剂量治疗，1.5%拌料进行控制，有一定效果。

三、非典型法氏囊炎

非典型法氏囊炎发生原因与临床症状：

（1）传染性法氏囊病毒在疫苗压力下，毒力有所减弱，病情逐渐向温和型、非典型转变。免疫雏鸡群，多于预防接种前后发病，一般多在首免之后、二免之前，少数也有在二免之后发病。多在一个小范围或一定区域内流行，病情和缓，流行缓慢，发病率和死亡率低，无典型症状。刚开始鸡群中仅个别鸡发病，精神不振、缩头、闭眼，打蔫，混入鸡群中往往不易发现，几天后耐过，自愈康复。但接着有更多的鸡陆续被感染，病鸡逐渐增多，零星死亡，连绵不断，全群采食量下降。如不采取治疗措施，本病可在鸡群中缓慢流行 10 天以上。剖检仅见法氏囊轻微肿大或萎缩，囊腔内有黏液或干酪样物质，囊内黏膜皱褶充血发红，但多不见出血，胸肌、腿肌上的出血病变多数不明显，肾脏见轻微肿大，有的出现腹水，病变一般较轻。

本型用中药疗效较好，黄芪 10 克、生石膏 10 克、山药 5 克、天花粉 5 克、大青叶 10 克、板蓝根 5 克、蒲公英 5 克、连翘 5 克、大黄 5 克，共为细末，按 1% 比例混料治疗，因本型易发生大肠杆菌混合感染，所以再配些对大肠杆菌敏感的抗生素，效果更确实。

（2）由于本病毒易发生变异，所以超强毒株，甚至超超强毒株不断出现，超强毒株能突破较高母源抗体，使较高母源抗体水平雏鸡发病，最早者 1 周龄可发病，使法氏囊和胸腺迅速萎缩，产生强的免疫抑制；超强毒株还能使鸡群发病日龄范围扩大，大周龄不敏感鸡发病，能使 25 周龄的产蛋鸡发病，并出现高的死亡率。剖检见法氏囊、胸肌、腿肌严重出血等典型症状。

超强毒株型，可用清瘟败毒散 1.5% 拌料进行控制。疫苗接种控制请参考第六章。

第二节 持续感染病

在传染病学上，强毒往往造成病毒与宿主共同灭亡，不利于病毒和宿主共同进化，而中等毒力的病毒株在宿主体内能保持一定病毒量，继代传播，呈现常态化，长期带毒。病毒、细菌都存在持续感染，这种状态传染病学上又称载体状态。现将临床常见带毒原因及对鸡群伤害分述如下。

一、病原体长期潜伏使感染持续化

一些病毒，特别是以垂直感染为主的病毒，能逃脱免疫细胞的杀灭，可长时间潜伏在鸡体内呈持续感染状态，鸡生长至一定时期被激活，使之发病或排毒。

减蛋综合征，多垂直感染，幼雏感染后，在整个育成期无临床症状，血清中也查不出抗体，持续感染，长期潜伏，性成熟开始产蛋后，开产应激，病毒被激活，在输卵管峡部蛋壳分泌腺中大量复制，导致明显炎症，蛋壳形成功能紊乱而发病。使鸡群产蛋突然下降，蛋壳色泽变淡，出现砂壳蛋、畸形蛋、软壳蛋，发病期可持续4~10周，鸡群减蛋可达20%~30%。经济损失惨重。

J亚群白血病是禽白血病病毒群中近年才发现的亚群。以垂直传播为主，主侵骨髓干细胞，使之不能分化成T淋巴细胞、B淋巴细胞而变成骨髓瘤，导致鸡群出现免疫抑制，成弱鸡群。感染多发生在雏鸡，发病死亡多在鸡性成熟产蛋之后。因免疫抑制，患病鸡群免疫接种效果差，易感染其他疾病，死淘率高，消瘦，开产体重低，开产日龄推迟，无峰值。脚底等无毛部出现血管瘤，破后流血不止。目前尚无有效防治方法。

马立克病，养鸡者对此病都非常熟悉，污染十分严重，几乎所有商品蛋鸡场都是马立克阳性场。主要在初雏感染，病毒在鸡

体内不断复制，长期排毒。病毒不一定使鸡只发病，而一旦发病，则鸡群几乎全军覆没，对养鸡生产威胁很大。笔者于1995年见一鸡场的一栋育成鸡，近千只，10周龄开始，沙门菌病缠绵不断，舍内散发，拉稀，剖检脾肿大，肝见坏死灶，非常典型，用药好点，药一停即复发。后来才弄明白，是鸡群感染了马立克，鸡免疫器官被马立克病毒摧毁，成弱鸡群之故。这群鸡开产后始终无峰值，最高产蛋率仅76%，经济损失惨重。

二、病原体逃避免疫监视，使感染持续化

一些病毒或细菌在鸡的一定组织内，能逃避免疫器官的监视，长期生存，形成持续感染。鸡也不往外排菌、排毒。因应激被激活，开始向外排毒、排菌，引起发病，并成为感染源。

传染性喉气管炎是典型持续感染病，病毒潜伏在鸡三叉神经内，常因应激把病毒激活而发病。所以，鸡场一旦被喉气管炎病毒污染，必须年年免疫接种，否则就可能发病。

鸡副嗜血杆菌就潜伏在鸡扁桃体内，无法根除，疫苗免疫只能阻止发病，不能消除带菌状态。青年产蛋鸡非常敏感，一有应激，带菌鸡就往外排菌，使鸡场发生传染性鼻炎，虽然死亡率不高，但会严重影响产蛋。

三、病原体在特定器官组织定植如气囊定植，使感染持续化

鸡感染支原体后，支原体由气管、肺达到气囊，气囊无血液循环，免疫细胞和内服药物都不能杀灭，可长期定住。产蛋鸡19周龄前感染潜伏，常因开产应激，支原体大量繁殖，因有些气囊离卵巢很近，支原体很易侵害卵巢，引起无产蛋峰值。若25~28周龄感染，支原体可慢慢从气管进入气囊，呈持续感染

状态，一有强的应激，支原体乘机增殖、产毒，侵害卵巢，引起后半期产蛋快速降落。

第三节　条件感染病

一般不能单独使健康鸡只发病，只有在其他危害因子参与下，才能使鸡发病，此称为条件病原菌，引发的疾病为条件感染病。葡萄球菌、绿脓杆菌、大肠杆菌等均为条件病原菌，威胁鸡群最为严重的是大肠杆菌。

大肠杆菌虽然也有强毒力菌株，但一般情况下，健康鸡防卫系统完全能抵御大肠杆菌的感染，不易引起大肠杆菌病，只有在一些低致病性病毒、霉形体、舍内氨气过浓、饲养密度过大及疫苗接种等危害因子的单独或复合协同下，才能形成感染发病。

鸡大肠杆菌病是指部分或全部由大肠杆菌引起的局部或全身性感染疾病。引起发病的鸡大肠杆菌属肠管毒素型，有水平感染和介卵感染。介卵感染是大肠杆菌先附着在种蛋蛋壳上，再进入蛋内繁殖、产毒，引起死胚、弱雏或脐炎。水平感染入侵途径为消化道、呼吸道，消化道感染，主见于2 周内雏鸡，呈现肠管型腹泻。2 周龄后其他渠道形不成感染，仅通过呼吸道感染发病。

大肠杆菌能否形成感染，决定其有无相应的黏附因子，如 1 型菌毛、P 菌毛、F17 菌毛等均属黏附因子。大肠杆菌先沉积于呼吸道或消化道黏膜上，然后黏附因子再与黏膜上相应受体如“锁钥”样结合、定住、增殖，进入血液，引起菌血症，波及全身组织。不能实现这种结合的，在消化道被肠的蠕动和消化液的冲刷，在呼吸道被气管黏膜纤毛的摆动排出体外，不能形成感染。大肠杆菌模式图如图 19 所示。

本菌产生的毒素对血管及其他组织造成损伤，如产生的肠毒素可使肠管分泌亢进，使患禽出现拉稀、脱水、低血钠、酸中毒等。

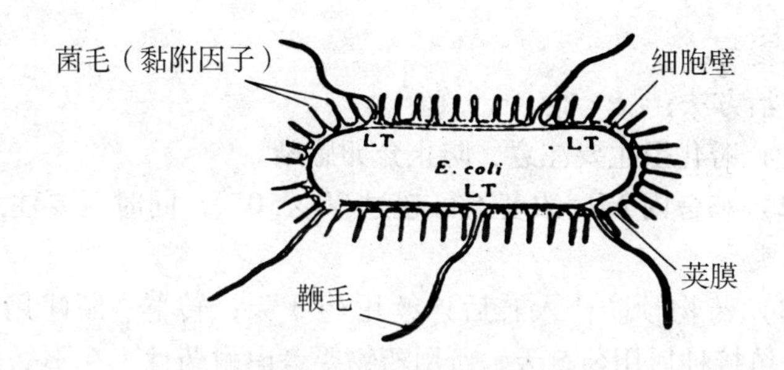

图 19　大肠杆菌模式图

本病一年四季均可发生，但多集中在呼吸道病多发的寒冷的11 月至翌年 4 ~ 5 月。临床上大肠杆菌能引发多种疾病，如死胚、脐炎、脑炎、关节炎、眼球炎、输卵管炎等，但对鸡群威胁最大的是败血型。败血型临床上主见呼吸困难，呼噜，颜面肿胀，拉灰白或绿色稀粪，关节疼痛，步行困难。剖检多见心包炎，气囊炎，肝周炎，输卵管炎，气管黏膜充出血、肥厚、黏液增多（图 20）。

临床上大肠杆菌病十分多见，其多发原因有如下几种。

（1）血清型众多，型间交叉免疫保护差，且免疫原性又差，免疫效果不理想，现蛋鸡多不免疫大肠杆菌。

（2）随集约化饲养的扩大，饲养环境恶化，舍内氨气过高普遍存在，为条件病原菌大肠杆菌感染打开了门户。

（3）鸡场一些免疫抑制病的阳性率很高，如马立克病、法氏囊炎、贫血因子等，鸡群免疫抑制普遍存在，抗病力差。

（4）大肠杆菌感染途径多样，有垂直、又有水平感染。

（5）耐药性产生迅速，其耐药性又能通过质粒传递，耐药菌株普遍存在。

（6）很易形成复合感染，如与支原体、低致病性流感病毒、新城疫病毒、喉气管炎病毒、传染性支气管炎病毒等。在一鸡群中大肠杆菌病反复发作，连绵不断，不能根治，这时要考虑可能有病毒参与。

防治方法：

（1）孵化卫生要注意，防止介卵感染。

（2）鸡舍内 NH_3 浓度不可超过 20×10^{-6}，同时还要注意预防舍温突变。

（3）药物预防：入雏后连续用药 3 天；转群、断喙用药 5 天；疫苗接种后用药 5 天。所用药物要考虑耐药性，在不做药敏试验时用一种抗生素预防效果可能较差，可考虑联合用药，如中药 + 阿米卡星、中药 + 恩诺沙星（中药：黄连 10 克、黄芩 5 克、栀子 5 克、生石膏 20 克、知母 5 克、赤芍 4 克、丹皮 4 克、白头翁 10 克、黄柏 5 克、丹参 5 克,）、阿米卡星 + 恩诺沙星等。

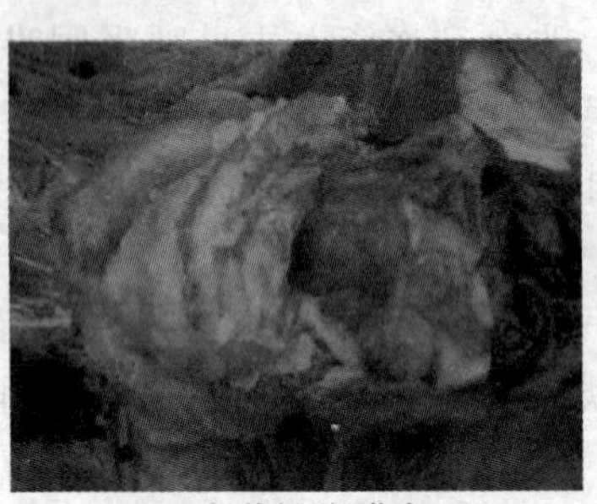

a. 卵黄性腹膜炎

b. 肝周炎

c. 心包炎

图 20　大肠杆菌病

治疗首选药物有：阿米卡星（10 毫克/千克体重）；头孢曲松或头孢噻呋（10 毫克/千克体重）；阿莫西林（5 毫克/千克体重）。也可选用其他氟喹诺酮类药物或磷霉素钠等。

第四节 多病因感染病

随着集约化饲养程度增加，多病因病也在增多，特别是持续性、条件性病原微生物，能使宿主持续带毒带菌，所以最易出现继发、并发等混合感染，表 18 是大肠杆菌、支原体和其他病原体的混合感染病症。

表 18 大肠杆菌、支原体和其他病原体的混合感染病症

	混合感染病原体	
大肠杆菌	支原体、传染性支气管炎病毒、新城疫病毒、传染性喉气管炎病毒、球虫、MD、霉菌毒素、肿头综合征	备注：鸡群营养不良如维生素 A 缺乏；舍内环境不良如氨值过高，密度过大；免疫接种等。使混合感染更易引发
支原体	副嗜血杆菌、大肠杆菌、传染性支气管炎病毒、新城疫病毒、传染性喉气管炎病毒、肿头综合征	

鸡病临床上最为多发，威胁鸡群最大的是多病因慢性呼吸系统综合征。本病主要是由支原体、大肠杆菌、亲呼吸道病毒及不良环境等致病因子相互作用导致的多因子感染病，仅支原体感染症状轻微，单独大肠杆菌感染症状也轻微或无症状，若有病毒或霉菌毒素参与，甚至多个病毒参与或细菌、病毒、霉菌毒素三者协同，症状会明显加重，若鸡群再患有免疫抑制或饲养环境恶劣，症状就更加重笃，损失会很大。

支原体是本病始发因子，疫苗注射，舍内氨气过浓或温差太

大等应激因子影响下，呼吸道黏膜抗病力减弱，支原体乘机侵入，在气管黏膜定植，气管黏膜丧失完整；一些亲呼吸道黏膜的病毒如流感、传染性支气管炎等随之深入下部气管或气囊定植复制，进一步损坏气管黏膜和气囊膜；大量浮游鸡舍空气中的病原性大肠杆菌也从呼吸道相随侵入定植、产毒，最终形成多因子混合感染。

该病一年四季都可发生，但秋冬季节多发。病鸡开始打喷嚏、摇头甩鼻，有吞咽动作，流浆液－黏液样鼻液，鼻孔周围黏附有饲料，有时鼻孔冒气泡，结膜发炎，流眼泪。进而咳嗽，夜晚关灯后往往听见呼吸啰音，严重时呼吸困难，张口呼吸。各种年龄的鸡均可发病，但以雏鸡发病率较高，病雏生长停滞，死淘率增高，病程有时可达一个月以上，当出现颜面肿胀，眼球内有酐酪样硬块时，已回天无术，只有淘汰。产蛋鸡产蛋率下降，蛋壳质量变坏。

发病初期剖检主见气囊增厚，上有灰白色节结，有时节结呈念珠状，随病情发展，气囊内见酐酪样物，结节可增至芝麻大甚至黄豆大。鼻腔及眶下窦发炎，内有大量黏液或酐酪样物，病变可蔓延至眼部，眼睑肿胀，眼球突出，从眼结膜内可挤出酐酪样物。心包增厚，可见纤维性心包炎，肝包膜发炎，肝脏表面覆盖一层淡黄色伪膜（图 21）。

支原体和大肠杆菌没有理想疫苗，药物效果也不理想，故控制慢性呼吸系统综合征，首先是强化饲养管理。本病寒冷季节多发，所以要注意鸡舍保暖和通风换气，一定要控制舍内氨气浓度在 20 毫克/升以下，要确保舍内温差变动在 10 ℃内。

为减少致病因子叠加造成病情加重和防止鸡群出现免疫抑制，一定要按科学程序进行马立克、禽流感、新城疫、传染性支气管炎等的免疫接种。同时免疫前后要加喂多维和免疫增强剂如黄芪多糖，把疫苗应激降至最小。

预防上首先是采用脉冲用药法控制支原体，饲料中混抗支原体药物如支原净等饲喂。因本病菌能长时间藏匿在气囊酐酪样物内而不能被杀死，一有应激就又散发出来，大量繁殖而致病，所以对本病要坚持长期用药，并且要定期轮换，以防耐药。常用西药配伍有：支原净（每千克饲料 100 毫克）+阿莫西林（每千克饲料 300 毫克）、氧氟沙星（每千克饲料 100 毫克）+泰乐菌素（每千克饲料 400 毫克），拌料连用 3~5 天。

支原体诱发疾病的作用完成后，再造成的损伤就不单纯是支原体了，如果用药单纯控制支原体，效果就不会很理想，此时需在预防支原体药物中添加抗大肠杆菌药物。

本病中药治疗效果很好，方用：生石膏 20 克、麻黄 5 克、杏仁 5 克、甘草 3 克、雄黄 2 克、冰片 0.5 克、干蟾 5 克、青礞石 4 克、海浮石 5 克、硼砂 3 克、枯矾 5 克、黄芩 10 克、大青叶 6 克、桔梗 5 克、桑白皮 5 克、瓜蒌 6 克，共为细末，以 0.5%~1% 比例拌料，连用 5~7 天，为 1 个疗程。

中西药治疗都难以根除，所以要用脉冲给药法，程序化给药，以阻止复发。

a. 流眼泪、流鼻液

b. 包肝、囊内酐酪样物

图 21　大肠杆菌与支原体混合感染

第五节　球虫感染与肠道健康

球虫为危害养鸡业最严重的寄生虫病，有鸡群之处就有球虫病发生。雏鸡发病率为 50% ~70%，死亡率为 20% ~30%，病愈后发育受阻，成鸡感染则严重影响产蛋。

鸡球虫有 9 种，其中侵袭盲肠的柔嫩艾美耳球虫和侵袭小肠的毒害艾美耳球虫为急性球虫病，威胁最大；堆型、巨型艾美耳球虫引起慢性小肠球虫病；和缓、布氏艾美耳球虫等威胁不大。球虫卵囊如图 22 所示。

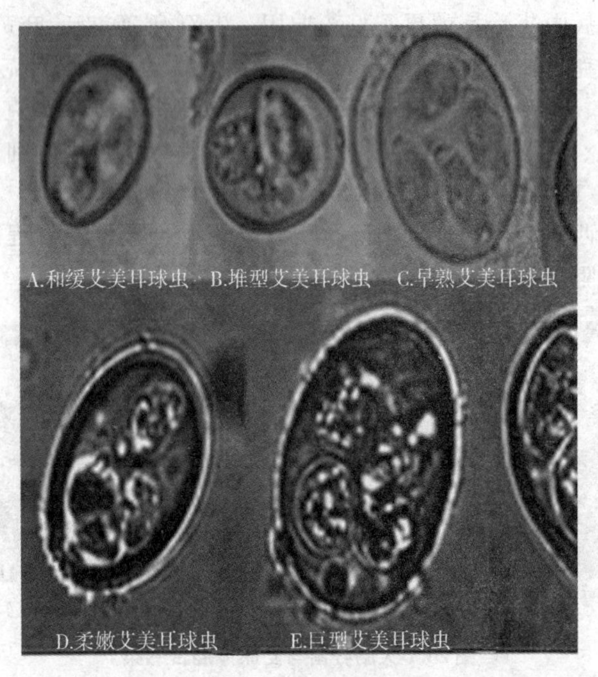

图 22　球虫卵囊

球虫生活周期短，4 ~7 天，繁殖力强，一个柔嫩艾美耳卵囊可产生 126 万个子代卵囊。鸡舍的温度、湿度和充足氧气是球虫孢子化的天堂。其发病日龄最早 7 日龄，成鸡也可感染发病，但发病高峰为 3 ~6 周龄。球虫生活史如图 23 所示。

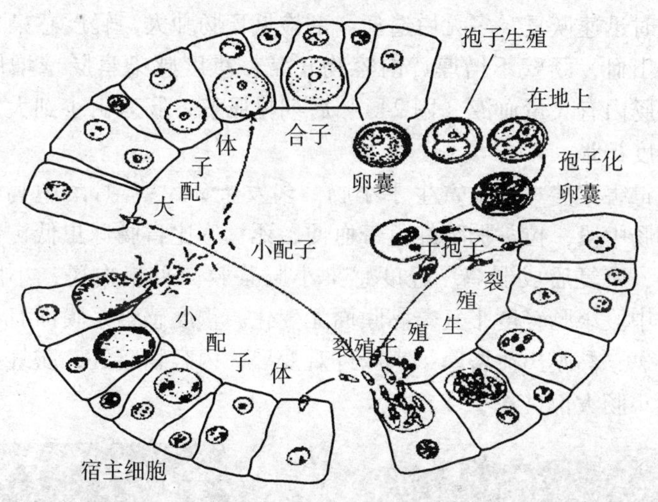

图 23　球虫生活史

鸡球虫经口感染，同群感染是暴发主因。鸡对球虫无年龄免疫力，常与坏死性肠炎和沙门菌等混合感染，患法氏囊病和马立克病鸡群，因免疫应答被抑制，再感染球虫时症状特别严重。

鸡是球虫的唯一宿主，具侵袭性孢子化卵囊被鸡摄取，进入消化道后，在肌胃和酶作用下，卵囊破裂，放出子孢子，子孢子侵入肠黏膜上皮细胞，进行裂殖生殖，3 天后形成第一代裂殖体，损伤肠黏膜细胞而发病，裂殖体放出第二代裂殖子，再侵入肠黏膜损害黏膜细胞使病情加重。经几次裂殖生殖后，裂殖体形成雌（大）雄（小）配子，雌雄配子形成受精卵，受精卵外壁增厚成无侵袭力卵囊排出体外，经 1 ~3 天体外发育，卵囊孢子化，形成具侵袭力卵囊，每个卵囊中有 2 个子孢子。

球虫潜伏期为4～7天。柔嫩艾美耳球虫盲肠寄生，多发于50日龄内雏鸡，急性经过，便血鲜红或酱油样，1～2天死亡。鸡爱吃血便，一般少量血便鸡会将其吃掉，故发现血便鸡群已病得严重，一般病鸡出现便血半天内死亡。生存3天以上，无继发感染时迅速恢复，多无后遗症。剖检见盲肠肿大，轻度感染盲肠壁有出血，肠壁不增厚，内容物正常；重度感染盲肠壁增厚出血，肠内有大量血液（图24）。后期见肠蕊，肠蕊由小到大，肠腔极度扩张。

毒害艾美耳球虫寄生于小肠，多发于2.5～7月龄中鸡。主侵小肠中段，拉黏稠暗红色带血便，死亡率比盲肠球虫低，但恢复慢，康复后成弱鸡。轻度感染小肠浆膜面见出血斑，小肠变粗，中段小肠轻度胀气，黏膜面无变化。重度感染浆膜面有严重出血斑，黏膜出血增厚，小肠外观变黑，内容物暗红，臌气扩张可达小肠大部（图25）。

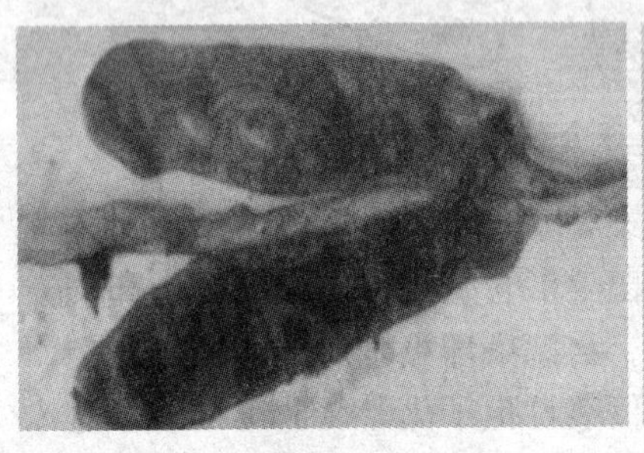

图24　盲肠肿大严重出血（盲肠球虫）

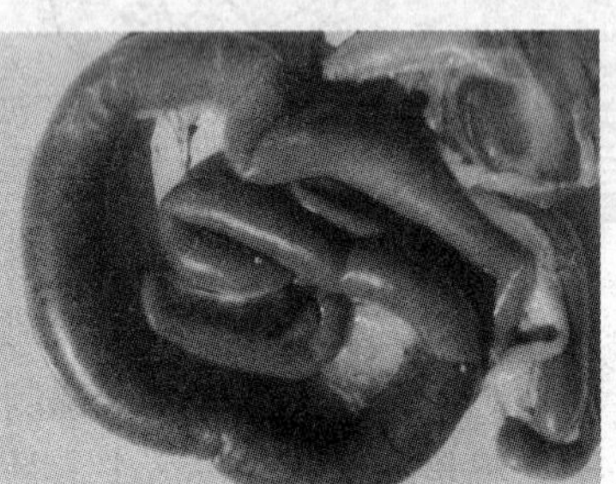

图25　小肠变黑、变粗、严重出血（小肠球虫）

慢性型球虫病多见于2月龄以上鸡，多因巨型、堆型艾美耳球虫寄生于小肠，病鸡逐渐消瘦，间歇性拉稀，但无血便。剖检巨型感染见小肠中段变粗，肠壁增厚，小肠中段浆膜面可见红色瘀斑，内含橘黄色液体。堆型艾美耳球虫感染见十二指肠和小肠

前端有大量黄色斑点，排成横行，外观阶梯状，内容物呈奶油状。

杀虫杀卵、制止出血、消除炎症、尽快排出血便、恢复鸡体抵抗力为治球虫病原则。球虫很易产生抗药性，又易出现混合感染，所以在用药上需特别注意以下方面。

（1）早期用药，第一次要加倍，如磺胺类首次可用治疗量的2倍，但要小心中毒，以后用常量。

（2）联合用药优于单用，一些抗球虫药有协同作用，如尼卡巴嗪与衣巴索，配合应用可增强疗效。

（3）把握峰值期用药，作用于第1裂殖期药物（感染1～2天），作用较弱，一般用于预防，如莫能菌素、马杜拉霉素、氯羟吡啶；作用于第2裂殖期药物（感染后4天），作用较强，一般用于治疗，如磺胺类药物、尼卡巴嗪、衣巴索。有些抗球虫药如地克珠利、托曲珠利对球虫各期均能杀灭，则用于治疗效果更好。

（4）因球虫常出现混合感染，故在治疗时最好再配以抗生素，如青霉素和中药加味白头翁散（白头翁10克、秦皮5克、白芍4克、生地榆5克、苦参5克、三七3克、白及3克、炒侧柏叶3克、生甘草3克，若病程长者，可加黄芪、山药、当归等药以补益气血），以增强疗效。

肠毒综合征，蛋鸡产蛋期也有发生，小肠球虫感染虽不是单一原因，但是主要原因，为始发因子。多是在育成期没能建立起坚强的球虫自然免疫，进入产蛋期出现小肠球虫感染。球虫在肠壁内大量繁殖，导致肠黏膜增厚，脱落、出血，饲料难以消化，水分难以吸收，引起营养障碍，腹泻脱水。

球虫繁殖消耗大量氧气，因缺氧导致肠黏膜组织产生大量乳酸，肠内pH值低下，肠内有益菌减少，有害菌大量繁殖，肠道菌群失调。梭状芽孢杆菌、大肠杆菌等有害菌的大量繁殖，使肠炎加重。

球虫、有害菌产生的毒素、未能完全消化的饲料腐败发酵产生的有毒物质，刺激肠道，肠蠕动加快，导致腹泻加重，毒物被吸收引起自体中毒。

电解质大量丢失，特别是钾离子的大量丢失，使心脏过度兴奋。最后呈现以肠道病变为主，电解质代谢紊乱，自体严重中毒的肠毒综合征。

肠毒综合征初期，鸡群没有明显症状，精神、食欲正常，不出现伤亡，仅个别鸡出现排便不成形、稀薄，内含未消化饲料，此期持续时间较长。随时间的推移，整个鸡群开始腹泻，泻便中含有更多未消化饲料，呈浅黄或淡绿色，有时可见西红柿或鱼肠样粪便，此时鸡群采食量减少，产蛋急剧下降。到后期，粪便特别稀，内混红褐色物，易出现有神经症状的鸡只，一般呈零星死亡。

本病必须采用综合疗法：如用磺胺喹噁啉（每千克饲料加500毫克拌料），驱杀小肠球虫＋甲硝唑（100毫克/千克）或痢菌净（100毫克/千克饲料），防治肠炎＋维生素 K_3（2毫克/千克饲料），制止出血，另外再补充电解质和多种维生素。

第四章 霉菌毒素中毒及营养代谢病

第一节 霉菌毒素中毒

霉菌毒素是在田间或仓贮过程中寄生在谷物上的真菌产生的有毒代谢产物。霉菌及其毒素，不但使饲料营养低下，适口性变差，更可怕的是造成机体多个实质脏器发生慢性进行性病理损伤和机体免疫功能低下，中毒畜禽极易因各种应激而诱发其他疾病感染。鸡群80%以上免疫失败是霉菌毒素引起的，霉菌毒素成了新的“万病之源”。临床上慢性蓄积性中毒最为多见，急性中毒不多见。

常见的霉菌毒素有黄曲霉毒素、呕吐毒素、玉米赤霉烯酮（F－2毒素）、T－2毒素、烟曲霉毒素、赭曲霉毒素等。

一、霉菌毒素致病特征

（1）霉菌污染非常普遍，养殖业最常用的原料是玉米，而玉米是最易感染霉菌的谷物，不论在田间或仓贮，都很易感染，可以说“没有安全玉米”。

（2）霉菌毒素相对分子质量小，无免疫原性，不能用免疫方法预防。

（3）霉菌毒素化学性质稳定，特别能耐高热，加热熟化处理不能将其分解破坏。

（4）霉菌毒素毒力很强，致病阈值极微量，如黄曲霉毒素B_1，其毒力比氰化钾大10倍，每千克饲料中超过10微克，就会产生蓄积中毒。

（5）霉菌毒素有一定隐蔽性，一些毒素是以前体形式存在，一般检测法检测不出来，称此为隐性霉菌毒素。如玉米赤霉烯醇与糖共轭结合为配糖体而隐身，在胃肠道释放出α－玉米赤霉烯醇，才呈现雌激素样毒性。

（6）霉菌毒素致病时互相之间有叠加、协同作用，多种真菌均易在玉米上生长、繁殖、产毒，毒性的协同、叠加，使中毒的阈值更微，病情更重（图26）。

（7）能使多个实质脏器呈现出慢性进行性损伤。霉菌毒素都有主嗜性和泛嗜性，如黄曲霉毒素主嗜肝脏，玉米赤霉烯酮主嗜生殖系，呕吐毒素主嗜消化道黏膜，同时它们对其他脏器如心、肾、血管也有不同亲嗜力（图27）。

（8）损伤免疫系统，如呕吐毒素可使IgG水平低下，使肠系膜淋巴结对r－干扰素表达下降，肠道防卫能力减弱。

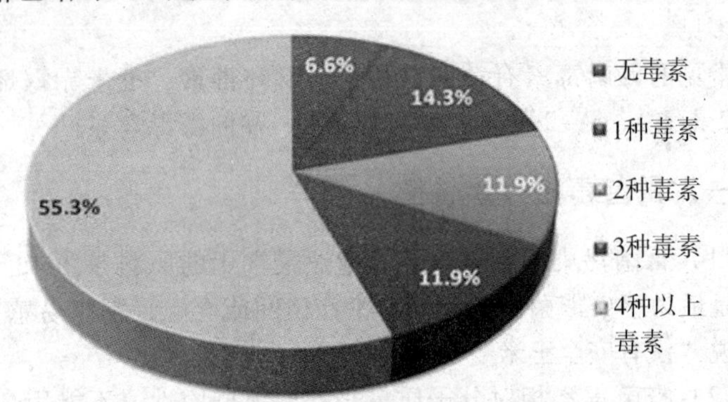

图26　复合型霉菌感染的比例

（无毒素6.6%，1种毒素14.3%，2种毒素11.9%，3种毒素11.9%，4种以上毒素55.3%）

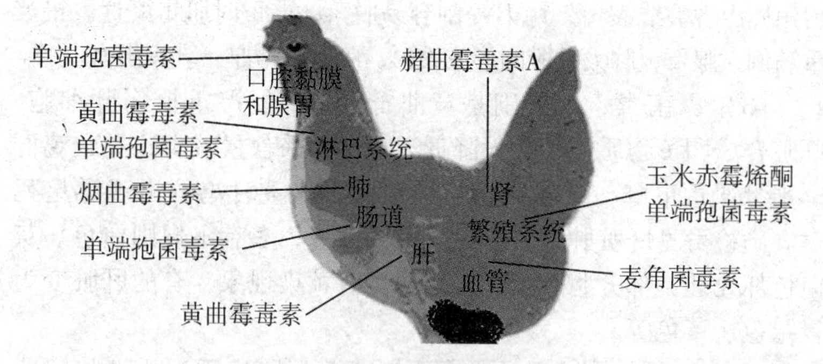

图27　霉菌毒素主嗜脏器、组织

二、霉菌毒素对鸡体的损伤

（1）多数霉菌毒素都是很强的免疫抑制剂，能引起法氏囊、胸腺和脾脏等中枢和外周免疫器官萎缩，使鸡群成弱鸡群，致使新城疫、禽流感等免疫接种失败。

（2）霉菌毒素对消化道的破坏相当严重，特别是单端孢霉毒素、T－2 毒素，能引起口腔溃疡、嗉囊发炎、肌胃溃疡。临床上鸡肠道病久治不愈，经常性拉稀，粪便多呈黑糊状、硫黄样，内有大量没有消化的饲料，严重时粪便中夹杂有大量脱落的肠黏膜，投药缓解，停药复发，采食量减少等，多与霉菌毒素蓄积中毒有关。

近些年，肌胃糜烂除肉鸡多发外，产蛋鸡也常有发生。其病因是饲喂了劣质鱼粉、劣质蛋白质饲料或霉菌毒素中毒。劣质蛋白质可降解成毒性生物胺——酪胺、组胺等，使胃酸分泌亢进诱发本病，劣质鱼粉含肌胃糜烂素，然而在规模化鸡场，蛋白饲料来源很正规，引起发病可能性很小。所以主要是霉玉米毒素慢性蓄积中毒引起。产蛋鸡对霉玉米毒素不是太敏感，初期不引起注意，渐进性出现中毒，采食减少，产蛋下降，零星死亡，剖检见肌胃角质出现裂线裂斑，用刀一刮容易脱落，严重时肌胃糜烂。最严重病例，腺胃也肿大呈椭圆形或梭形，腺胃壁增厚，乳头出血。

（3）霉菌毒素，特别是黄曲霉毒素，能严重损伤肝细胞，肝脏合成卵黄物质能力大大降低，再加上采食量减少，导致鸡群产蛋量严重下降，产雀斑蛋、血斑蛋，严重时鸡群出现零星死亡。剖检可见肝脏肿大，边缘变薄如刀刃，多有不规则白色、灰白色坏死灶，部分脂肪变性、出血，有黄染现象，有的肝脏变为青绿色、紫色等。

（4）玉米赤霉烯酮为主中毒时，鸡群除出现严重脱肛、脱毛外，鸡冠发红，呈现“假公鸡”症状。

（5）霉菌毒素能损害肾脏，特别是赭曲霉毒素，使肾小管发生变性而阻塞，产生尿酸盐沉积，导致痛风症发生，不明病因腿病增多。

（6）霉菌毒素对血管壁的损伤使血压上升，增加了心脏的负担，可引起腹水症。

（7）霉菌毒素能损伤肺脏，特别是烟曲霉毒素，使病禽呼吸困难，头颈伸直，呈沙哑的水泡声呼吸、甩鼻、打喷嚏、眼部潮红肿胀、溃疡，眼鼻分泌物增多。肺部多呈纤维素性肺炎或出血性肺炎。

（8）霉菌毒素中毒还可见脾脏显著肿大，表面有灰白色坏死灶；气囊增厚，内有云雾状病变；卵巢萎缩，部分卵泡出现液化和变形，个别输卵管变细。

三、临床常用防治药物

1. 硅铝酸盐类 这是一些化学性质十分稳定的大分子多孔物质，在肠道内可把毒素吸附于孔中，使之不被肠道吸收，随粪便排出体外。最早使用的是沸石（硅铝酸盐），现已出现多代产品，如最新产品是从酵母菌细胞壁提取的壳聚糖类。市场上的霉

可脱就是双极硅铝酸盐类混合物。这类药物最大缺陷是在吸附毒素同时也会吸附微量元素和其他营养物质。

2. 生物降解酶类　本类药物是人们选育出的一些菌株（如枯草芽孢杆菌），这些菌株在培养过程中，像青霉菌能产生青霉素那样，产生一些酶类，在肠道内能把霉菌毒素降解为无毒物。如某生物科技有限公司产品“霉立解”，就是从枯草芽孢杆菌中选育出相应的菌株，菌株的代谢产物能降解黄曲霉毒素和玉米赤霉烯酮。图28 L形框内是黄曲霉毒素毒性中心——甲氧基－氧杂萘邻酮环芳香内酯。霉立解能使此环开裂，失去毒性。

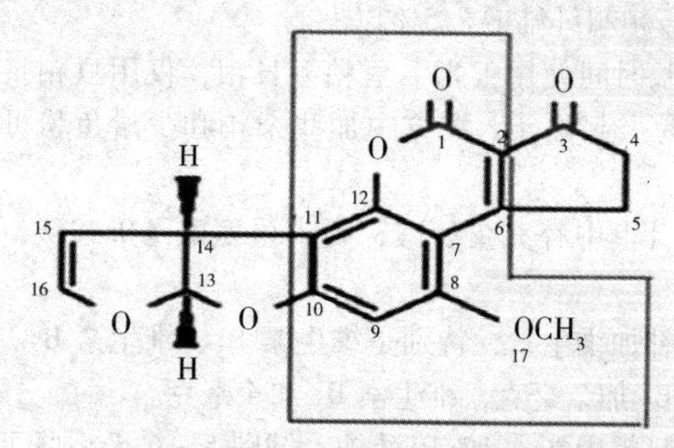

图28　黄曲霉毒素分子式

（L形框内为黄曲霉毒素毒性中心）

第二节　营养代谢病

一、啄癖

啄癖属恶癖病类的一种，是养鸡业的常见病，最常见的是喙肛、喙羽。

1. 发病原因

（1）日粮营养不足，如蛋白质品质差、蛋氨酸含量低、氨基酸不平衡或维生素不足，如临床上经常出现用土鸡料饲喂品种鸡，不到1周，出现啄羽、啄腿，即为典型的氨基酸、维生素营养不足症。

（2）日粮中粗纤维含量低，鸡有空腹感。饥饿应激引发啄癖。

（3）缺乏食盐或光照过强。

2. 防治

（1）增加日粮中粗纤维含量，因粗纤维可延长胃肠的排空时间，防止啄癖。开产蛋鸡日粮中多数粗纤维较低，易出现啄斗，可把日粮粗纤维增至5%以上。

（2）长时间使用玉米－豆粕型日粮，仅用豆粕长期作为蛋白质源，易引起啄斗，配方中加些杂粕和少量鱼粉可防止啄癖发生。

（3）日粮中补充蛋氨酸，要求蛋氨酸>0.42%，含硫氨基酸>0.78%。

（4）补加维生素，特别是维生素 B_1、维生素 B_2。每千克日粮维生素 B_1 加2毫克，维生素 B_2 加4毫克。

（5）日粮中加入1%硫酸钠，饲喂5～6天后啄羽停止，21天后长出新羽，以后改用0.3%～0.4%比例可长期添加。

（6）体重500克以上的鸡，每天服硫酸亚铁1.8克，连服3～4天。

（7）门窗处出现啄羽，多因光照太强，要适当降低光照强度。

（8）因盐分低引起的啄羽，日粮中需增加食盐用量，食盐量可加至1%，拉稀后停喂。不是食盐缺乏，其他原因啄癖，料中加1%食盐也能使啄癖暂时停止，但盐一停又会复发。

二、脱肛

泄殖腔脱出肛门外称脱肛，严重时输卵管也能部分脱出。

1. 发病原因

（1）母鸡体重轻、体型不达标，骨架发育差，或体发育尚未成熟，小体躯进入产蛋，耻骨扩张不充分，产道狭窄，鸡努责过度。

（2）光照增加过快，在长日照下，鸡很快进入产蛋，但泄殖腔肌肉发育滞后，弹性差，产卵后不能很快复位，出现开产脱肛。

（3）鸡只过肥，肛门周围沉积大量脂肪，产道开张不充分，泄殖腔回复困难。

（4）拉稀时间过长，中气下陷，泄殖腔位置不能固定而下垂。

2. 防治

（1）饲料中按1.5%比例添加补中益气散（党参10克、白术10克、黄芪20克、升麻5克、柴胡5克、当归5克、甘草4克、陈皮4克），体躯小鸡群，开产后，连用半月。

（2）把脱肛鸡取出单独饲喂，用3%明矾水洗净，整复，顽固性脱出时可用袋口缝合法，暂时缝合治疗。

（3）拉稀严重者应用消炎抗菌药治疗。

绝大部分脱肛鸡，肛门一脱，很快被啄死。因鸡对红色很好奇，鸡又喜咸味（血有咸味），一旦出血，附近的鸡都啄，脱肛初产鸡多发，刚开产即被啄死，使养鸡户蒙受很大经济损失。

三、笼养蛋鸡疲劳症

笼养蛋鸡疲劳症又称笼养蛋鸡骨质疏松症，多发生于开产不久的高产鸡。

1. 病因

（1）缺钙：体重轻、性成熟早或换成产蛋鸡料过晚的高产蛋鸡，体内钙贮备少，因高产，连产时间长，钙源无法满足蛋壳形成及维持骨骼正常之需求，导致钙严重缺乏，最后因钙枯竭而瘫痪。

（2）钙磷比例不当：饲料中磷的含量过高或钙含量过低时，钙磷比例一失调，鸡体会因吸收钙量减少而缺钙，若缺钙发生在蛋壳形成期，血钙含量会急剧下降而造成急性死亡或瘫痪。

（3）维生素 D 缺乏：维生素 D 能使钙的肠吸收增加一倍。维生素 D 一旦不足，钙的肠吸收会降低，引起缺钙。

2. 临床症状　鸡很健康，冠红高产，白天无任何异常，次日早晨发现死亡，病死鸡泄殖腔突出。未死的鸡只则见瘫痪、不能站立、以跗关节蹲坐，但仍有食欲。如从笼内挑出单独饲养、治疗，多数鸡在 2 ~3 天后有明显好转，1 ~2 周内康复。

3. 防治

（1）为防止本病发生，鸡群换料不能过晚，开产前两周一定换成含钙 3.5% 的产蛋高峰料。

（2）在关灯前 1 小时，料槽中加撒钙粒，高产缺钙鸡可选食钙粒，以补充钙的不足。

（3）料中添加适量维生素 D_3 或鱼肝油粉。

（4）已发病鸡每天可肌内注射维丁胶性钙 2 毫升，或内服钙片 2 片。

四、初产蛋鸡猝死症

初产母鸡从开产，特别是产蛋率由 20% 至产蛋高峰，出现以突然死亡或瘫痪为主征的一种疾病。每年 5 月开始发病，6 ~7 月为发病高峰期，至 8 月以后则逐渐停止；120 ~200 日龄的鸡都有发生，尤以 140 ~180 日龄的初产母鸡较多发生，一般呈零星散发。

1. 发病原因　病因还不完全清楚，热应激是发病主因。有报道，从发病鸡病料中分离出大肠杆菌和沙门菌，认为是热应激使鸡抗病力下降，大肠杆菌、沙门菌乘机感染并产生毒素，毒素使泄殖腔肌肉麻痹，憋蛋而死。也有人认为是在炎热的夏天，舍内高温、高湿，热应激导致机体代谢紊乱，尤其是细胞膜内外钙离子失衡，钙泵正常运行功能失调，最终使机体微循环和代谢紊乱，导致病鸡休克或肺脏毛细血管破裂而死亡。

2. 临床症状及剖检变化　开产不久的鸡群，多在夜间出现鸡在笼中扑打两翅，发出凄厉叫声而死亡，死后颈部发软，不死则瘫痪（图 29），倒地侧卧或两腿后伸，拉白稀糊状便，泄殖腔均有一硬壳蛋，助产把蛋取出后症状减轻，把病鸡放笼外阴凉处饲喂大多能康复。

病死鸡可见腺胃黏膜糜烂，质地变软，乳头变平，按压时流出脓性分泌物；卵泡表面充血、出血，输卵管黏膜潮红；肺脏充血、水肿，心肌松弛，肝脏有出血斑。

a. 瘫痪鸡

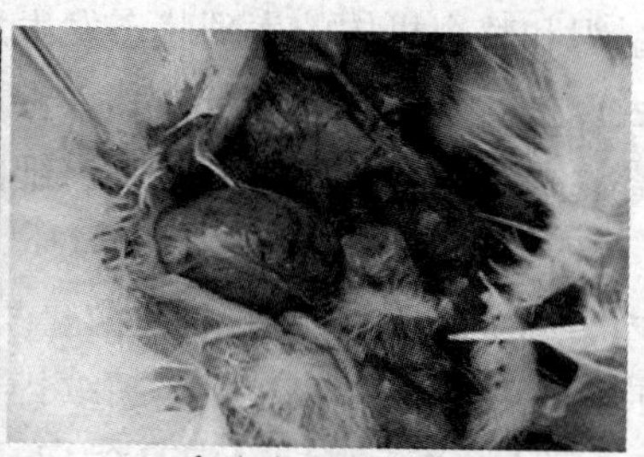

b. 卵泡充血（剖检）

图 29　初产蛋鸡猝死症

3. 防治　一般西药治疗效果很差，可采取以下综合防疗措施。

（1）首先是降低舍温，鸡群加喂维生素 C 或其他解暑剂，解除或减少热应激。

（2）用8倍治疗量鱼肝油粉内服，连用4天，然后适当减小剂量，可有效控制。

（3）中药：清热解毒、活血化瘀、燥湿止泻。药方：党参10克、黄芪10克、当归5克、益母草5克、川芎5克、枳壳5克、穿心莲10克、板蓝根10克、白头翁10克、地榆4克，共为细末，按1%比例拌料，直至热应激消除。

（4）在上述治疗的同时再加喂治疗肠炎或肠毒综合征药物如头孢曲松钠、阿莫西林、电解多维等，效果更好。

五、初产蛋鸡腹泻

本病主要特征是初产出现水样腹泻，以130～180日龄鸡多发，一般持续1～2个月不等，有的甚至时间更长。一年四季均可发生，尤其夏季最为严重。

1. 病因

（1）鸡开产后，由于激素分泌变化很大，卵巢、输卵管等组织和整个机体的生理状态发生急剧变化，产生很强的应激，又因产蛋后，体内大量抗体移入蛋黄，抗病能力显著下降，两者重叠，极易引起细菌特别是肠道细菌感染，发生肠炎而拉稀。

（2）产蛋鸡饲料中蛋白质，钙、磷等矿物质量增加很多，因胃肠负担加重产生的应激，易导致肠道菌群失调，肠黏膜受损，轻者吸收不良，重者持续排稀便。

（3）产蛋鸡日粮中高蛋白、高钙，使肾负担加重，滤过力减弱，出现肾损伤性稀便。

（4）饲养管理失误，如舍温过低、饲养环境突变，导致拉稀。

2. 临床症状 鸡群开产后出现水样泻，非常顽固，药物治疗效果不理想或仅在用药时间症状有所缓解，药停后很快复发。鸡群中体弱发病鸡增多，严重时还有零星死亡。产蛋上升缓慢或

无产蛋高峰，蛋重小，蛋壳颜色浅。

3. 防治　防治需综合考虑，首先是高钙饲料不能用得太早，特别是整齐度差的鸡群，从育成料到产蛋料中间要喂含钙 2.5% 的过渡料，产蛋达 5% 时再换成高峰料。

晚上关灯前 1 小时料槽中加钙粒。这样已开产鸡，可选择喙食钙粒，以满足产蛋需求，不产蛋鸡也不因被迫摄入高钙料而拉稀。

饲料中蛋白质含量不可过高，特别是氨基酸要注意配平，使蛋白质利用率达最高，赖氨酸与蛋氨酸比例最好 2∶1，减少不能被利用的氨基酸对肾脏产生毒害。

肾性损伤引起腹泻时，可用中药八正散或电解质利尿药治疗。

日粮中最好添加些外源性复合消化酶和益生菌，以防日粮浓度增高后引起的胃肠不适和菌群失调。必要时日粮中可添加助消化剂如乳酶生、大黄苏打片等，有肠炎时可加喂抗菌药物。

六、脂肪肝综合征

鸡脂肪肝综合征是一种营养代谢性疾病，多发生于产蛋鸡，尤其是笼养鸡的产蛋高峰期。以肝细胞内沉积大量脂肪、肝包膜下出血为特征。

1. 发病原因　饲料中油脂或玉米添加量大，配制的日粮高能低蛋白，高能加速了肝脏脂肪的合成，低蛋白质使肝内氨基酸供应减少，不能合成足够的脂蛋白往外搬运肝脏中的脂肪，导致脂肪在肝脏内大量沉积引起脂肪肝。

现在蛋鸡从育雏、育成到产蛋整个生产周期基本都是笼养，密度很大，大大限制了鸡的运动，减少了能量消耗。多余的能量就会在体内，尤其是在肝脏内形成脂肪贮存起来。

日粮中氯化胆碱、维生素 E、维生素 B_{12}、蛋氨酸等营养素参与脂蛋白合成，并辅助脂蛋白将脂肪运出肝脏，当这些营养素缺乏时，在肝脏加工或转化成的脂肪运不出去，就沉积在肝细胞内形成脂肪肝。

2. 临床症状与剖检变化 鸡群精神状态、采食、饮水、粪便等方面没有明显变化。往往是体重大的肥胖鸡，在没有任何先兆症状的情况下，突然惊叫几声，挣扎死亡。产蛋鸡初期表现产蛋率上升较慢，达不到理想峰值，死后输卵管或泄殖腔内往往有已成形的鸡蛋，部分鸡生前有冠髯萎缩、苍白现象。

剖检尸体肥胖，皮下脂肪厚，腹内脂肪大量沉积，肾脏和肌胃都被厚厚的脂肪层包围，心脏和肠系膜也有大量脂肪分布；腹水内漂浮大量脂肪油滴；肝脏肿大色淡，质脆，有油腻感，肝脏出血，形成包膜下血肿，有的肝包膜破裂，腹腔内充满血凝块；输卵管柔软肥厚，多数内含1枚已形成的鸡蛋。

3. 治疗措施

（1）适当降低饲料能量水平，可用麸皮代替5%～10%的玉米，或用富含亚油酸的植物油代替饲料中常用的动物油和混合油。

（2）每1 000千克饲料中加维生素E 1万单位、1%维生素B_{12} 1.5克、氯化胆碱110克、蛋氨酸750克，连用2周后，能控制病情。

（3）病情严重的鸡群，可减少饲料量15%～20%，连续7～10天，以遏制病情发展，保护鸡群。

（4）使用止血药如维生素K_3、安络血等，坚持投药20～30天。

（5）为防止并发感染和继发感染，可给予抗菌药物，每次3～4天，隔15～20天重复一次，并结合饮水消毒。

七、痛风

痛风是代谢障碍病，血中尿酸盐浓度升高，大量的尿酸盐经肾脏排泄，引起肾脏损害及肾功能减退，这又进一步引起尿酸盐排泄受阻，最终导致尿酸盐中毒。多发生于笼养鸡。

1. 发病原因

（1）日粮蛋白质过高：禽类肝脏不含精氨酸酶，不能将蛋白质代谢产物合成尿素排出体外，只能在肾和肝中将其合成嘌呤，通过嘌呤核苷酸合成与分解途径生成尿酸，再与血液中的钠离子（Na^{+}）、钙离子（Ca^{2+}）结合形成尿酸盐。肾是禽类尿酸盐唯一的排泄通道，当肾脏功能发生障碍或尿酸盐过多时，尿酸盐在体内广泛沉积，导致痛风。

（2）维生素 A 具有保护黏膜的作用，缺乏时可使肾小管、集合管上皮发生角化，黏液分泌减少，尿酸盐排出受阻形成栓塞物——尿酸盐结石，阻塞管腔，进而发生痛风。

（3）磺胺类和氨基糖苷类抗生素，具有肾毒，若药物应用时间过长、量过大，就会造成肾脏损伤。一些疾病如肾型传染性支气管炎、法氏囊炎等也能损伤肾脏，引起尿酸盐沉积。

（4）饮水不足，霉菌毒素中毒等也能引起尿酸盐沉积。

2. 临床症状　精神沉郁，贫血消瘦，食欲减退，粪便稀薄，内含大量白色尿酸盐，淀粉糊样，泄殖腔松弛，经常不由自主的排出稀便，污染周围羽毛。关节肿胀，先软后硬，形成结节，结节破溃露出尿酸盐结晶。肿胀多发生于四肢关节，跛行，活动困难，后期双腿无力，最后衰竭死亡。如图 30 和图 31 所示。

3. 防治

（1）日粮中多添加维生素 A 和维生素 D_3 或多维。

（2）不可长时间使用磺胺类和氨基糖苷类药物。

（3）日粮中蛋白质不可过高，要平衡，且原料质量要好。

（4）用肾肿解毒剂或用小苏打饮水，小苏打必须稀释 1 500 ~ 2 000 倍，稀释 500 倍以下反而有害。

（5）中药用八正散（泽泻 10 克、车前子 5 克、滑石 20 克、扁蓄 5 克、瞿麦 5 克、栀子 4 克、大黄 5 克、灯芯草 5 克、甘草 3 克），利水通淋。一般以 1% 比例拌料，连用 3 ~5 天。

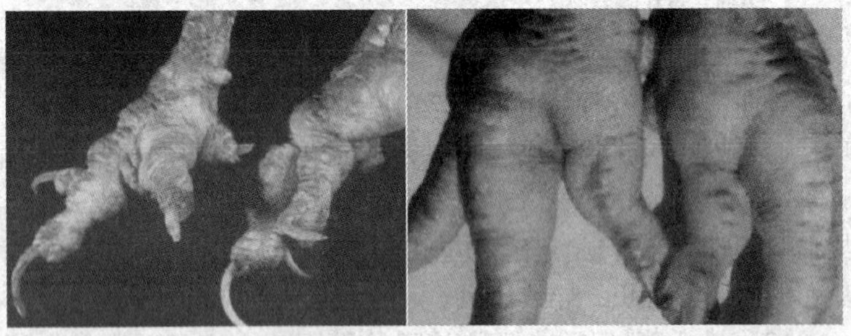

a. 趾关节肿胀、变形　　b. 趾关节痛风外观

图 30　痛风症状

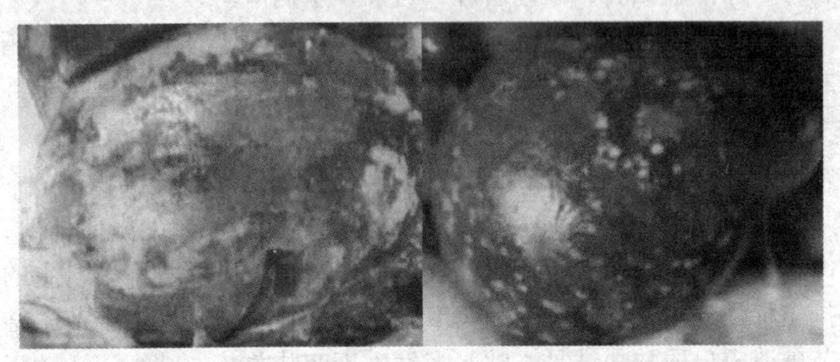

a. 肝脏表面沉积白色尿酸盐　　b. 脾脏的白色灶状结节

图 31　痛风剖检症状

第五章　禽病中药防治探讨

第一节　温病辨证

温病是禽感受温热之邪所引起的多种急性热性病总称。温病又分为温病、温疫、温毒，“温病”泛指现代医学散发性传染病和无传染性的发热性疾病；“温疫”是指发病急剧，能引起大面积流行的传染病。即“一人受之为之温，一方受之为之疫”，概括了这两者区别。鸡多数病毒类、细菌类及部分寄生虫类疾病均属温疫范畴，“五疫之至，皆相染易，无问大小，病状相似”，即指此类疫病而言；“温毒”指局部出现红肿一类病变的热性病，如喉气、葡萄球菌病等。

本类疾病多见起病急骤，传变迅速，由温热毒邪引发，以发热为主症，以热象重，易化燥伤阴为主征。依病位深浅，病情轻重，不同阶段病理变化和传变规律，温病可划分为四个阶段，也称四大证型，即卫分证、气分证、营分证和血分证。鸡体温高，心率快，代谢旺盛，身属阳体，阴常不足，所以感染温邪疫疠之后，卫分表证较短，比较快的见表里同病或完全入里的里热证。

温热邪毒经口鼻而入，首先犯肺，出现咳嗽，气喘，冠髯潮红，发热抖羽，食少纳呆，一派卫分症状。病不解入里，进入气分，气分证鸡体动员全身力量抗邪，脏器代谢亢进，正邪交争十分激烈，症见高热喘促，口渴大饮，冠髯发红，便色发绿或泻下

如石灰水样，法氏囊肿大，盲肠扁桃体肿大。病势进一步发展，脏器由功能性病变转为器质性病变，组织出现变性，脏器发生损伤，进入营血分，营血分证病鸡除高热不退，冠髯发绀外，心、肺、胃、肠、肝、肾、法氏囊、盲肠扁桃体等脏器出现出血斑点，粪便绿灰或石灰水样。营血分证症状相似只是营分比血分较轻，脏器出血初现而已。

病在卫分，“汗之可也”，这里的汗，并非发汗，而是用辛凉之品外透、宣畅、疏通。卫气宣通，营卫协调，热邪自散。如疗瘟病常用葛根、升麻、柴胡、荆芥之类，用这些解表药的目的是把深入脏器的瘟病毒，透达到外周血循中，减少病毒对内脏损伤，提高治愈率。银翘散是治疗温病初起，病在卫分之主方，由二花、连翘、荆芥、牛蒡子、桔梗、豆豉、薄荷、淡竹叶、芦根组成，方中药物其味多辛，其性寒凉，辛能宣其阳，开其郁，疏卫宣肺，卫通热散，逼温邪从表出，肺气宣通，肃降功能得复，呼吸自平。凉能清解郁热，郁开热散，表里清和，表证得解。温和型禽流感，多见发热，羽毛逆立，呼噜，咳嗽。以卫为主，卫气同病，治疗银翘散去豆豉、荆芥，加麻黄、生石膏、杏仁、贯众，解表清肺，表里同治，最为对证。

病在气分，“方可清气”，气分证还应以辛凉宣达为主，清热生津，透热宣畅，主用生石膏、薄荷、霜桑叶之类，不可用生地、麦冬滋腻之品，以防阴凝之性遏阻气机之宣达，也不可单纯用多味苦寒之品，以防冰伏其邪，更加难愈。病位在气分肺经，用麻杏石甘汤（麻黄、生石膏、杏仁、甘草），药味辛散清透，散外邪，清内火，清热解毒，清肺平喘。病位在气分胃经用白虎加参汤（生石膏、知母、粳米、甘草、党参），药味辛凉宣达，透泻无形实热，清胃热生津，且甘味党参能领邪外出，扶正去邪。

病入营分，“犹可透热转气”，初入营分时，病位尚未深陷，

可于二花、连翘、竹叶等清气药中，加入丹皮、赤芍等清泄营热，透邪外达，使转入气分而解。疗营分证代表方为清营汤，由水牛角、丹参、丹皮、玄参、生地、麦冬、黄连、二花、连翘、淡竹叶组成，清营解毒，透热转气，活血化瘀，凉血养阴。

热邪深入血分，“就恐耗血动血，直需凉血散血”。此期大量有毒代谢产物聚积血中，血液壅滞黏稠，自体中毒明显，清除血中有毒物质，补充体液，改善血流，畅通血循，制止出血，即凉血散血是治疗血分证的大原则。治疗时除必用清热解毒之品如水牛角、板蓝根、连翘等外，活血凉血的生地、丹皮、丹参也是必用之品。疗血分证代表方是犀角地黄汤，由水牛角（代犀角）、生地黄、白芍、丹皮组成，清热解毒，凉血散瘀，养阴生津。

鸡无淋巴结，无横膈，胸腹腔相通，病邪易入营血，所以鸡温病只要出现脏器出血，就可诊断为营血分证。实践证明，有些症状并不严重，但见冠髯发紫、黏膜或脏器有出血斑点，按营血分证施治，往往有很好疗效。

在了解温病治疗原则基础上，还必须掌握以法遣药。温病病因是“热邪”，热必化火，火必化毒，热毒是温病致病之本。从病位最浅的卫分证，到热毒深入肝肾的营血分证，都需清热解毒而治本。所以，在温病各个证型治疗中，清热解毒药如二花、连翘、大青叶、板蓝根、贯众、穿心莲、蒲公英等都可配伍使用，即清热解毒药适用于温病所有证型。

温病过程中最易化燥伤阴，因此，时时注意护卫津阴是治疗温病的一大原则，即有一分阴液，便有一分生机。所以，发汗药物如麻黄、桂枝要慎用。温病治疗中，清热燥湿药要用，但不可单纯多味大量使用，因清热燥湿药味苦性寒，苦能化燥，燥能劫津伤阴，寒则涩而不流，多味大剂量寒凉药，可导致寒凝气滞，反而有碍治疗。

泻下药常用于温病治疗，如大黄、芒硝，其目的绝不是让其拉稀，而是导热下行。清热药在温病治疗中是扬汤止沸，而泻下剂是釜底抽薪，使热毒随大便而出，因此温病有“下不厌早”之说。特别是大黄，不但能泻火通便，导热下行，又因有清热解毒，活血化瘀之功而于温病更为常用。一些医者只知大黄泻下，不知大黄药用多歧，所以有人说“人参杀人无过，大黄救人无功”。此外，温病治疗中，不可过早使用甘温补益之剂，以防驱邪未尽，闭门留寇。

现以鸡传染性法氏囊炎的传变为例，辨证施治。法氏囊病属中兽医温疫，中药防治报道甚多，绝大多数是清热解毒、凉血散瘀，如由黄连、黄芩、栀子、生石膏、生地、丹皮、赤芍、大黄、连翘组成的“清解汤”（经验方），方中黄芩、黄连、栀子、连翘，清热解毒，可用于温病各期，生地、丹皮、赤芍，凉血散瘀。从方药分析，本方主治的是法氏囊炎营血分证。法氏囊病也有卫分证和气分证。法氏囊病初起，见发热，蹲地，缩头，抖羽，泻便石灰水样，口渴，法氏囊肿大，病位主在卫分，但因拉稀，口渴，已入胃肠气分，治以解表宣卫为主，兼清胃肠，用银翘散去豆豉、荆芥，加生石膏、黄连、板蓝根；病在气分时，见高热，冠髯发红，口渴，便稀，法氏囊肿大充血，方药用白虎加人参汤再加味黄芪、板蓝根、大青叶、白头翁，清气解毒；病在营血，见腿胸肌出血，冠髯紫红、法氏囊见大量出血斑点，此时用“清解汤”，才方药对证。因急性法氏囊炎，营血分证最常见，所以临床上“清解汤”最常用。

临床上常见的非典型法氏囊炎，病位往往气分稽留，用白虎加人参汤，山药代粳米，天花粉代知母，再加配黄芪、大青叶、板蓝根、蒲公英、连翘、大黄，疗效最好。然而，非典型法氏囊病，多有大肠杆菌混合感染，治疗时还需兼顾。

第二节　中药增蛋剂

近些年，用中药增蛋报道甚多，有单方，有复方，如用麦芽疏肝健胃增蛋，苍术燥湿健脾增蛋，马齿苋清热止痢增蛋，四君子散培补正气增蛋等。一般来说，复方增蛋效果比单味要好，现就复方增蛋方的配伍原则简述如下。

蛋的生成靠的是心气的主导，肾气的激发，脾气的运化，肝气的疏泄，肺气的宣发，是靠五脏功能的协同作用，所以一个高产蛋鸡群，必须是五脏安和的健康鸡群。然而，五脏中起主要作用的应取决于脾、肾，没有脾气的运化、输布，将摄取的饲料，化生为水谷精微，输布全身，肝脏无法合成卵黄，输卵管膨大部也不能分泌卵白；没有肾气的激发，雌激素不能大量生成，肝脏合成卵黄物质不能启动，输卵管、卵巢不能发育至产蛋状态。

鸡群要高产，必需脾气健运，胃气和降，水谷精微才能四布，蛋的生成才有源泉。故要增蛋就必须健脾益气，和胃消食。增蛋常用的健脾益气药有松针粉、杨树花、党参等，和胃消食药有三仙（神曲、山楂、麦芽）、莱菔等。

鸡一性成热，垂体—肾上腺—卵巢激素轴活化，启动产蛋。激发活化此激素轴的是肾气，它是命门之火。补肾气、温命门，暖下焦胞宫，使肾气充盈，命门火旺，任（脉）通冲（脉）盛，鸡群才能持续长期高产。补肾阳、温命门药物有淫羊藿、刺五加、菟丝子、蛇床子等，温暖下焦胞宫药物有艾叶、小茴香等。

然而，振奋维持命门功能，必须耗大量肾精（肾阴），这又易导致“火起锅干”，所以在温补肾阳时要注意滋补肾阴。古人云，“善补阳者，必阴中求阳”。滋补肾阴药物有熟地、女贞子、墨旱莲等，特别是女贞子，味甘性凉，药性平和，价格低廉。

中兽医学中“气”是运动的、维持生命活动的最基本物质，也是推动脏腑生理活动的动力。脾气升清，胃气降浊；肝气升发，肺气肃降；心火下移，肾水上腾，水升火降，心肾相交。“气”有升有降，有出有入，运行有序，鸡体才健壮无恙。气之运动出现失常，即现病态。如脾气不升而下陷，胃气不降而上逆，水谷精微输布失司，“水反为湿，谷反为滞”，出现食欲减退，粪便溏薄。只有气机畅顺，特别是脾胃气机调畅，才不至补而致郁，鸡群才能高产。调理脾胃气机常用药物有陈皮、枳壳、大腹皮等。

气之与血，如影随形，气滞必见血瘀，增蛋方中若再配伍少量活血化瘀药则更为理想，如益母草活血行气，调经除滞，经产要药，因而有“益母”美誉。

鸡群持续高产，必须健康，特别是多年的养鸡场，受多种疫病威胁，所以，增蛋方中添加些抗菌、抗毒、增免之味，实属必要，如大蒜粉、马齿苋、大青叶、泡桐叶或花等广谱抗菌、抗毒药。

总之，健脾和胃、补肾气温命门药物，在增蛋方剂中处君臣位置，畅脾气行胃气之气药及改善生殖器官血循的活血药，可少量配伍，作为佐使。至于抗菌类药物是否添加，视鸡群健康状况而定。

中药增蛋效应是以鸡的营养为基础的，只有鸡群各种营养素摄取充足，增蛋效应才明显。否则，即使蛋的数量略有增多，但蛋重也随之减小，达不到增产效果。

开产不久的蛋鸡群，任通冲盛，血海充盈，若鸡群健康，整齐度好，体重、胫长达标，产蛋率每天可以增加5%，无需添加增蛋药物。至峰值后期，为延长峰值期，增蛋剂可适时添加。

多数鸡场，不注意峰值前的促进营养，特别是不注意满足蛋白质和蛋氨酸的需求，鸡必动用体能产蛋，身体透支，引起产蛋率下降，这样的鸡群，在添加增蛋药同时，再增加营养，增蛋效

果才十分显著。

鸡群进入产蛋后期，产蛋率一般会以每周0.7%速率下降，此时用增蛋药，能减缓下降速度，延长鸡群经济寿命。

疾病引起的落蛋，病愈后增蛋中药与增加营养配合应用，会使产蛋迅速上升，但若产蛋降幅很大，也很难恢复至理想水平。如产蛋率90%以上鸡群，因禽流感降至50%以下，病愈后产蛋能升至80%~85%，已属理想。

第三节　禽病常用中药成方

随着养鸡规模变大，集约化水平增高，鸡病种类在增加，抗药性更是愈加严重，致使西药对一些疾病的疗效很差，特别是一些常发病，如大肠杆菌病、沙门菌病等。而且西药在蛋中多有残留，很多种类禁止使用。

兽医文献中，用于鸡病的中药方剂不多，然而鸡病如何使用中药辨证施治呢？中兽医、中医一脉相承，中医成方是前人临床实践特别有效才遗留下来的，用成方治疗鸡病，可能会更便捷。成方分两类，即主治方和通治方，主治方是一方一病，治疗方向明确，通过变通，也能扩大治疗范围。通治方是一方能治多病，治疗范围比较广泛，通过加减变通，治疗范围会更大。经多年临床实践，本人摸索出一些成方原方或加减变通方，在鸡病的防治上疗效颇佳，现介绍如下。

1. 清瘟败毒散　清瘟败毒散源于人医“温热经纬”，由生石膏、知母、生地、水牛角（原方犀牛角）、黄连、栀子、桔梗、黄芩、赤芍、玄参、连翘、丹皮、淡竹叶、甘草组成。本方系由白虎汤、黄连解毒汤、犀角地黄汤等组合而成。生石膏直入肺胃经，退气分淫热为君。知母助其清气为臣。黄连、水牛角、黄芩泻心肺之火于上焦；丹皮、赤芍、栀子泻肝经之火，救欲绝之水；桔梗、淡竹叶载药上行共为佐。甘草和胃为使。

淫热火毒燔炽，外窜经络，内攻脏腑，致使毒邪充斥上下内外，病鸡现一派热毒盛极之象，本方大寒，清热解毒，能杀其炎炎之势，因证主在气，故特别重用生石膏清气，甚者先平，诸经之火自无不安。临床上火毒燔灼气营（血）所致之壮热口渴，冠髯发绀，热毒发斑，温毒红肿，清瘟败毒散为必用之品。

感染温和型禽流感病毒鸡群，临床经常见到产蛋正向高峰冲刺时，突然出现蛋壳色泽变淡，产蛋率徘徊不升甚至下降，个别鸡流泪，脸肿，眼周围像戴眼镜样，冠髯发绀。冠髯发绀，则邪已入营，属营分证。因脸肿，致病因子应属温毒。

禽流感的免疫是灭活苗颈部皮下注射，所产抗体以全身循环抗体为主，局部黏膜免疫应答弱，黏膜面 SigA 量低，很难抵抗病毒在黏膜局部感染、复制。流感病毒对生殖道黏膜、眼结膜亲和力很强，极易引起感染，所以眼结膜发炎流泪，向周围蔓延出现脸肿如戴眼镜状；生殖道黏膜受侵则蛋壳褪色；若波及呼吸道黏膜，鸡群还见轻微呼吸障碍。清瘟败毒散清热解毒，凉血消肿；贯众为化毒之仙丹，毒未至可预防，毒已至可善解，毒已成可速祛，为抗流感病毒首选药。故用清瘟败毒散原方加贯众治疗本证效果显著。因病势和缓，用中剂量即可，以 0.5% 比例拌入饲料中连用 5 ~ 7 天，可控制病势。若再在饲料中添加 3 倍量复合多维培补正气，疗效更好。

寒冷季节产蛋鸡群有时发生的疑似非典型高致病禽流感，可以本方再加虎杖、大黄、穿心莲、板蓝根等治疗，加虎杖、大黄等是为增强解毒力，且因病情重笃，毒势较深，治需用最大剂量，以 1.5% ~2% 比例拌料，连用 5 ~ 7 天，再配 3 倍量复合多维，可缓解病势，缩短病程，减少死亡。

对鸡新城疫病毒，循环抗体达 9log2 时才能抗黏膜局部感染，鸡群中这样高的滴度很难维持，所以黏膜局部感染引起的非典型

新城疫，在产蛋鸡群很难杜绝，经常发生。病毒对输卵管、泄殖腔黏膜亲和力很强，极易感染、复制，而出现褪色蛋、薄皮蛋，产蛋率下滑几个百分点。有的鸡群可能因存在免疫抑制，用Ⅳ系苗甚至不止一次免疫，效果均不佳，产蛋率、蛋壳质量恢复不理想。这样的病鸡剖检时泄殖腔黏膜出血斑点密布。虽然，非典型新城疫病势和缓，基本无死亡，但密布的出血斑点，显示病已入营血。用清瘟败毒散0.5%～1%比例拌料连用5天，多数能基本痊愈。

鸡大肠杆菌病与家畜不同，家畜感染大肠杆菌，病位主在消化道，如仔猪白痢、犊牛腹泻。鸡大肠杆菌病的主型是败血型，是全身性菌毒血症，须清热解毒，凉血止痢。因大肠杆菌病多有腹泻，以清瘟败毒散原方加白头翁、黄柏、丹参，以增强化瘀止痢之力，防治效果优于西药制剂。

输卵管炎为蛋鸡多发病，特别是种鸡。发病鸡群的产蛋率一般下降3%～5%，产薄皮蛋、雀斑蛋，有的蛋壳上附有血液，虽无死亡，但绵延难愈，又易复发，反复使用几次西药后效果不再明显，给养鸡者带来不小损失。病因虽有脾肾气虚，但多数由大肠杆菌、沙门菌等感染。剖检输卵管黏膜可见充血、出血。治疗须清热解毒，活血化瘀。方用清瘟败毒散加丹皮、大黄、牛膝。丹皮、大黄可增强方剂清热解毒、活血凉血、导热下行之力，牛膝可引药直达下焦病所。以0.5%比例拌料连用3～5天可控制病势，以后采用脉冲式给药法，即间隔15～20天用一次药，每次0.5%比例拌料，连用5～7天，可确保蛋壳质量，对种鸡有特殊意义。

清瘟败毒散合白头翁散（白头翁、黄柏、苦参、秦皮）再加地榆、丹参，可用于治梭状芽孢杆菌引起的坏死性肠炎。因坏死性肠炎，回肠出血严重，泻痢，拉硫黄样稀便。所以方中加凉血止痢的白头翁散，化瘀止血之味丹参、地榆，以增强疗效。

多年临床实践证明，清瘟败毒散广谱抗毒抗菌，菌毒感染引起的以发热为主症，以气分兼有营血分证为主征的鸡“温病”，用之均有良效。

2. 麻杏石甘散　麻杏石甘散由生石膏、麻黄、杏仁、甘草配伍而成，源于《伤寒论》。

生石膏清泻肺火为君，麻黄宣肺平喘为臣，杏仁平喘为麻黄之臂助为佐，甘草止咳兼益气和中，又能防石膏寒凉伤胃为使。麻黄配石膏，宣肺平喘，石膏用量一定要为麻黄 3～5 倍，使麻黄失去温热之性，而存留辛宣之味，相制相成。麻黄配杏仁，宣肺降肺，石膏配杏仁，清肺降肺，石膏配甘草，甘寒生肺胃之津，以防热邪灼伤肺胃。四药配伍，辛凉宣泄，清泄肺热，降气平喘，使肺气之郁得宣畅，肺经壅热得清泄，则咳喘自平，为治疗肺热咳喘最基础方。

传染性支气管炎，病因为温热之邪，病位在肺系，剖检主见支气管下 1/3 处充血潮红，脏器很少出血，故病变主在气分，麻杏石甘散最为对证。但因病因是温热毒邪，本方解毒之力不足。需再配伍虎杖、穿心莲、大青叶、板蓝根等。虎杖清热解毒，清肺祛痰；穿心莲清热解毒，泻肺热，治疗咽痛；大青叶与板蓝根清火解毒，凉血利咽。通过加味，大大增强了本方解毒、清肺之力，被临床广泛使用于治疗呼吸道型传染性支气管炎。粉碎混匀后以 0.5%～1% 比例拌料用于治疗，连用 5 天为 1 个疗程。

传染性喉气管炎，因喉局部有红肿则病因为“温毒”。病位在喉，喉为肺系，为温毒犯肺所致。麻杏石甘治“毒”药力不足，为杀其炎炎病势，灭其燎原之毒，需在原方基础上加清热解毒、凉血散瘀之味如板蓝根、山豆根、赤芍、生地及治疗咽喉肿痛专方玄麦甘桔散（玄参、麦冬、桔梗、甘草）。连用 5 天为 1 个疗程，拌料比例 1%。个别病势特别严重者，可再内服“六神丸”（人医中成药），成鸡每只 2～3 粒/天，效果甚佳。

鸡慢性呼吸系统障碍综合征是以支原体、病毒、细菌和不利环境因素等多种原因相互协同作用引起的呼吸道混合感染症。支原体为钥匙菌，病毒使病势增重，大肠杆菌多为继发。温邪犯肺，肺失宣降，水液失布，聚而为饮，灼而为痰，痰饮遏阻于肺，病鸡出现咳嗽、呼噜。本病病情和缓，热痰渐进性深陷，病势缠绵反复，使育成鸡淘汰率大增，产蛋鸡无产蛋高峰。

温热之邪犯肺，病位主在肺经气分。麻杏石甘清热解毒，清肺祛痰，是为对证。然而当温邪随气囊渐进深入经络、筋骨之中时，药力已显不足，所以须用雄黄、冰片、干蟾清解深陷毒邪；用金石矿物药如青礞石逐陈积伏匿之痰，海浮石化顽痰祛黏痰，硼砂、枯矾疗咽痛清热痰；再佐以黄芩、大青叶、桔梗、桑白皮、瓜蒌清肺化痰，使药力更强，才能抑杀深陷毒邪，涤除伏匿老痰。防治禽呼吸道病名方“冰雄散”，就是麻杏石甘散加味冰片、雄黄、硼砂、枯矾、礞石、黄芩、桑白皮、桔梗、大青叶组成。一般以0.5%～1%比例拌料，连用5～7天，为1个疗程。

鸡慢性呼吸道病、慢性呼吸障碍综合征，多难以根治，病愈后仍须采用脉冲给药法，定期用本方保健，方可阻止复发。

3. 白头翁散 由白头翁、黄连、黄柏、秦皮组成，源于《伤寒论》。

《伤寒论》云：下痢欲饮水者，以有热故也，白头翁汤主之。可知本方是治热毒深陷血分，引起的热痢肠炎主方。白头翁清热解毒，凉血治痢，主治热毒赤痢为君；黄连清化湿热而固大肠，黄柏清下焦湿热，秦皮清肝经湿热凉血止痢，三药相辅相佐，主用于湿热郁于血分的肠黄热痢。

鸡盲肠球虫病，发病急骤，痢下脓血，属疫毒痢。毒邪与食滞交阻肠道，疫毒内蒸胃肠，气滞血壅，肠传导功能失司，通降不利，导致肠道黏膜和血络俱受损伤，秽浊相杂而血痢，白头翁散再配伍杀原虫专药常山、青蒿，导泻药大黄，凉血止血药地榆、仙鹤草，杀虫清热、止痢止血、杀菌导泻，标本兼治。

小肠球虫多为慢性，一般而言，暴病多实，慢病、久病多虚中夹实，当依病情的标本缓急，上述白头翁散加味后再伍入补脾扶正之味党参、山药等，祛邪为主，兼扶正气，使慢性小肠球虫病的治愈率升高。

鸡住白细胞虫病是蛋鸡又一常发原虫病。幼鸡多见急性，温热毒邪迫血妄行，见咯血、肝脏出血等。温热邪是致病之本，当以清热解毒，佐以凉血止血为原则。方用白头翁散配伍杀虫药青蒿、苦参，清热解毒药野菊，凉血止血药地榆。产蛋鸡多见亚急性或慢性，以贫血、拉稀为主，在治疗时除清热解毒，凉血止血外，还须在上述加味白头翁散中再配伍党参、黄芪等补气药，补气摄血，扶正祛邪。

组织滴虫病又称盲肠肝炎或黑头病，为寄生原虫病，2~4月龄的鸡多发。以下痢、便血，鸡冠发黑，盲肠发炎和肝表面有扣状坏死灶为特征。用白头翁散加苦参、郁金、白芍、乌梅、地榆，清热解毒，凉血止痢，标本兼治。

鸡沙门菌病包括鸡白痢、鸡副伤寒和鸡伤寒3种，临床上以败血症和肠炎最为常见，治疗原则是清热解毒，凉血止痢。雏鸡为稚阴稚阳之体，白头翁散为清热苦寒之剂，易伤阳体，所以白头翁散治雏鸡白痢时，最好配伍党参、白术之类补益脾气，护卫脾阳药物。

鸡伤寒急性经过者，多见血分有热，冠髯发绀，可用白头翁散配伍凉血化瘀药丹皮、生地、赤芍等治疗。而慢性鸡伤寒，又多见冠髯发白，治疗时白头翁散中又须配伍党参、茯苓、黄芪、甘草之味。沙门菌西药防治，因很易产生抗药性，疗效不理想，且副作用大，又影响产蛋，蛋中又易有药残，常使养鸡者蒙受经济损失，因而对沙门菌的防治，中药越来越被重视。

4. 黄连解毒散 黄连解毒散由黄连、黄芩、黄柏、栀子组

成，源于《外台秘要》，引崔氏方。

热极化火，火极化毒，解毒必泻火，心主火，所以泻火必泻心，黄连泻心火兼泻中焦之火，为君药；黄芩清肺热兼泻上焦之火，黄柏泻下焦之火，栀子通泻三焦之火，导其火热下行，随小便而出，共为臣佐。四药合用，苦寒直折，能泻其亢盛之火，救其欲绝之水，有强大扶阴抑阳之功，是清热解毒最基础方剂。再进行适当加味，则力更专，效更捷。通治畜禽温热疫病，如三焦热盛、身热发斑，热毒下痢、湿热黄疸，疮痈初起等。

急性禽霍乱是以发热、腹泻、全身实质脏器出血为主征的败血症，属温疫营血分证，治疗必清热解毒，凉血散血。对鸡群来说，急性禽霍乱患鸡很少能治愈，多数死亡，所以主要是鸡群预防，预防需清热解毒重剂，黄连解毒散再加连翘、二花、生石膏、大黄、穿心莲，丹参、赤芍、板蓝根，以增强解毒药力，料中要按1.5%比例拌入进行预防，控制其鸡群中蔓延，须连用药5天。

败血型葡萄球菌病，临床除发热、冠紫外，最大特征是胸腹或翅下积有污水败血。为温毒所致。温毒壅阻于内，秽浊外泄，博结于皮肤而成恶血。治以清热解毒、消肿散结，活血化瘀。方用黄连解毒散加野菊花、板蓝根，使解毒力更雄厚，再加消肿散结的蒲公英、紫花地丁，活血化瘀的当归、赤芍。以1.5%比例拌料，连用5天，可控制病情。

5. 八正散　八正散由泽泻（原方木通）、车前子、滑石、扁蓄、瞿麦、栀子、大黄、灯芯草、甘草组成，源于《和局时方》。

瞿麦、泽泻利水通淋，清热渗湿为君；扁蓄、车前子、滑石、清热利水除湿为臣；栀子泻三焦湿热导热下行，大黄苦寒达下清热泻火共为佐；灯芯草导热下行，甘草调和诸药为使。数药相伍清热泻火，利水通淋是治疗“癃闭”和“五淋”的主方。

原方有木通，但关木通所含马兜铃酸，能引起肾小管急性坏死或慢性肾小管间质性肾炎，即有肾毒，所以改用泽泻。

鸡无膀胱，又无尿道，不会发生水热互结，膀胱气化不利或命门火衰，膀胱气化不及州都所致癃闭证，也不会出现尿道发炎或出血引起的血淋。所以，八正散主用于治疗尿酸盐在肾脏和输尿管沉积引起的尿浊和沙石淋。

尿酸盐沉积主见于：①痛风：由蛋白质代谢障碍引起；②肾型传染性支气管炎、白痢沙门菌感染，损伤肾脏。③因法氏囊炎，尿液减少，尿酸盐析出。都可用八正散治疗。特别是痛风、肾型传染性支气管炎，八正散加海金沙、金钱草，其疗效优于电解质利尿药。

6. 四君子散　四君子散由党参、白术、茯苓、甘草组成，源于《和局时方》。

脾为后天之本，气血化生之源，所以补气必先补脾，脾喜温暖爱芳香，故补脾之品必甘温气香，党参味甘，补中益气为君，白术燥湿健中，助脾气运化为臣，茯苓渗湿健脾，除中焦水湿为佐，甘草补脾和中为使，诸药配伍，相须而用，脾健气充，诸脏受补，故四君子散不仅仅是补脾气，而是补全身之气的基础方。

补中益气散是在四君子散基础上，去茯苓加黄芪、当归、升麻、柴胡、陈皮组成，功主补气固摄。方中黄芪、党参、甘草补其气，升麻、柴胡升其阳，以当归的生血和之，理湿的白术健之，疏气的陈皮调之，配伍严密，主次分明，目标明确。小体躯产蛋鸡，或加光照过快，初产鸡常见产蛋后泄殖腔不能很快回复，引起脱肛及产蛋率上升过缓。补中益气散，补中益气，升阳举陷，使泄殖腔肌肉迅速收缩复位。初产鸡群，以1%比例混料饲喂，连用半月，可提高产蛋率、促进鸡体发育，防止脱肛。

参苓白术散是四君子散加山药、白扁豆、薏苡仁、陈皮、桔梗等组成。脾气虚弱，运化无力，清浊不分，胃肠阳气下陷，出

现泻粪带水，粪无臭味，完谷不化，食欲不振，倦怠无力等，一派脾虚泄泻症状。方中四君补脾益气，白扁豆、山药、薏苡仁健脾渗湿，佐陈皮理气行滞，使桔梗疏通气机，使补而不滞，行而不散，中气得补，脾气得健，则虚泻自愈。

以T淋巴细胞、B淋巴细胞为靶细胞的疾病，如马立克病、法氏囊病、传染性贫血等，鸡场普遍存在，因此，鸡群的免疫抑制现象十分严重。四君子散是复方免疫增强剂，若再配伍黄芪、淫羊藿、女贞子、刺五加等单味免疫增强药物，增免效果会更好。在疫苗接种前五天、后五天，按1%～1.5%比例添加饲料中饲喂，用来增免，以提高鸡群抗病力和健康度。

7. 清暑益气散　源于《温病经纬》，由党参（原方西洋参）、石斛、竹叶、知母、甘草、麦冬、荷梗、黄连、西瓜翠衣、粳米组成。为疗中暑专方。

中暑又称热衰竭，包括现代医学中的日射病和热射病，每年夏至至处暑蛋鸡常有发生，特别是大规模密集型笼养蛋鸡最为严重，死亡率高，损失惨重。

暑为热之极，为长夏主气，天暑下逼，化为暑邪，中暑鸡群必见，肌肤灼热，张口喘气，两翅膀张开等一派阳热之象。

暑气升散，既易耗伤元气，使鸡群精神萎靡，状态迟钝，又易劫灼津液。所以急性中暑鸡群，口渴暴饮，烦躁不安，体温升高至45～46℃，继而暑邪灼伤营阴，气随液脱，虚脱惊厥、昏迷死亡，初产和产蛋高峰期鸡群多在晚上7:00～9:00死亡。慢性中暑，暑邪主在气分留恋，鸡群精神沉郁，采食减少，产蛋率严重下降。

暑邪无形，必以湿为依附，时至长夏，地湿上蒸，水气上腾，湿气充斥，暑必挟湿，所以清暑必祛湿。中暑鸡群，多见倦卧、乏力等湿困症状。

方中党参、石斛、麦冬，益气生津；竹叶、黄连、荷梗、知母、西瓜翠衣（西瓜皮），清解暑热；粳米（山药代）保护胃气，合而用之可清暑热，益元气。本方偏重益气生津，若再配伍清热的生石膏，除湿的苍术，防肺气过耗的五味子，更能增强疗效。

8. 辛夷散加减方 本方为知名中兽医裴耀卿先生的经验方，由辛夷、酒知母、酒黄柏、沙参、郁金、木香、枯矾（或明矾）组成。其加减方是去酒黄柏，加酒黄芩、白芷、桔梗、二花、连翘而成。

鸡传染性鼻炎属持续性感染病，传染迅速，往往使鸡场敏感鸡无一幸免，病位主在鼻腔和鼻窦。从病性分析，病因为风热，风从上受主侵高位，头面肿胀；风热犯肺，灼津为痰，痰阻于肺，肺失清降，鼻为肺系，必见鼻塞不通，鼻流黏涕；肺金火旺，必克肝木，肝火上炎，眼肿流泪。

辛夷、白芷散风，最善通鼻窍达鼻窦，为疗鼻要药为君，二药虽为温性，但在下面多味寒凉药中已全失其性，仅能辛散；沙参清肺养阴，知母、黄芩酒炙上行助清肺热，二花、连翘清热解毒共为臣，郁金解郁，木香理气，枯矾化痰坠浊，桔梗载药上行直达病所共为佐使。诸药相伍，通鼻透窍，清肺降火，透脑化痰，为治疗传染性鼻炎主方。

9. 五味消毒饮加减方 本方源于《医宗金鉴》，由二花、野菊花、蒲公英、紫花地丁、紫背天葵组成，本方去紫背天葵，加荆芥、防风、牛蒡子、鱼腥草、紫草、赤芍而成，主用于鸡痘治疗。

鸡痘在温病学上属“疹”，病理机制为风热郁肺，内闭营分，从血络外出。治则宜宣肺达邪，清热解毒，清营透疹。所以在鸡痘治疗上，首先是宣透，用荆芥、防风、牛蒡子透达肺气，宣透热毒外出。再者是解毒凉血，因热毒为痘病之因，二花、野菊花、蒲公英、紫花地丁、鱼腥草，清热解毒，泻火凉血；赤

芍、紫草活血凉营。若白喉型需再加板蓝根、玄参、山豆根、桔梗，加强对咽喉治疗。有时方中还可配伍党参、黄芪之类，托毒外出，防毒内陷。

第四节　中药熏烧避秽

鸡体内有多个气囊，气囊是支气管的延伸，上呼吸道—肺脏—气囊—骨骼相互连通，是禽类呼吸系统的结构特征，这种结构使鸡体形成一个半开放的系统，空气中病原微生物很容易通过上呼吸道造成全身感染，所以气雾、熏烧给药，对鸡呼吸道病有特别好的疗效。

辛温香燥之药，多有芳香避秽、健脾化湿之功，是最常用的一类避疫药。《活兽慈舟》中载："雄黄四钱、甘松五钱、北细辛三钱、苍术四钱、槟榔四钱……，共为细末，用黄纸将药裹拈成条，早夜时熏……，不但不染外证，纵染内证者，亦能熏解。"

熏烧中药有雄黄、细辛、苍术、槟榔、牙皂、藿香、丁香、朱砂、川芎、麻黄、升麻、贯众等。据《中药大辞典》载，上述药物点燃，对多种细菌有杀死或抑制作用。

近年来，一些鸡场，常选用苍术、石菖蒲、艾蒿等配伍（艾蒿3、石菖蒲1、苍术1）制成熏蒸剂，气味芬芳对人畜无害，每平方米用5克，每次熏蒸0.5~1小时，平时每月1~2次，梅雨季节或流感高发期每周1~2次，可显著减少禽畜舍内病原微生物数量，并能增强畜禽的抗病力和健康度。

第六章　鸡场生物安全

面对养鸡生产规模的不断扩大，饲料成本的不断攀升及日益复杂的疫病，单独采用药物或常规消毒方法，已很难控制鸡场疫病，为确保鸡场生产安全，必须建立良好的生物安全体系。

疫病传播三要素是传染源、传播媒介、易感动物。阻止传染源进入鸡场，切断疫病在鸡场传播途径，使鸡群获得对疫病的免疫性，这些减少或消除疫病发生诸多措施的总和称生物安全。总之，生物安全指的是鸡群管理总策略，是系统、连续、有效控制疫病发生和传播的一系列方法和措施。

第一节　鸡场场址与环境

鸡场场址选择一定要充分考虑防疫要求，地势要高，排水通风方便，离居民区和其他养殖场区要不少于300米，离屠宰场、畜产品加工厂、畜禽交易市场、风景旅游等区域不少于1 000米。鸡场环境和场址选择要求如表19所示。

场区设计要按管理区、生产区和隔离区三功能区布局，各区界线要分明，管理区位于常年主导风向的上风向，地势较高处，隔离区位于下风向，地势较低处。各功能区相对独立，要有防疫隔离带。生产区道路要分净道和污道，两者不可交叉、混用。人员、饲料走净道，死淘鸡、鸡粪等走污道。

表 19　鸡场环境与场址选择要求

项目	要求
距离河流	大于 200 米
距离公路	大于 1 000 米
距离村庄、加工厂、其他饲养场	大于 3 000 米
隔离设施	围墙距鸡舍 3 米
鸡粪处理	化粪池 1 个（位于下风向脏道处）
死鸡处理	焚烧炉 1 个（位于下风向脏道处）
鸡舍布局朝向	污染区在下风向生活区在上风向
场区道路	污净道分开，3 ~ 6 米宽
生产区与生活区	分开设置
场门口消毒池	3.5 米 ×4.5 米 ×0.3 米
人行消毒池（长 × 宽 × 深）	3.5 米 ×1 米 ×0.3 米
场区门前	车辆喷雾消毒设备
人行通道	喷雾消毒设备
其他限制	防鸟防鼠设备
场地坡度	小于 25°

第二节　鸡场管制

一、人员管制

1. 客访　原则上生产区谢绝参观，确需进入生产区的必须在消毒室内更衣、洗手，消毒后方可进入，最好经淋浴、更衣后，再从消毒室消毒后进入。

2. 本场　技术人员和生产区职工采取连续上班、集中休假制度。休假返场后必须淋浴、更衣后，从消毒室进入生活区。因附着在皮肤、头发上的病原微生物存活时间很长，必须在生活区停留一天后，再从生活区进入生产区。

二、车辆管制

外来车辆和运饲料车辆及司机一概不准进入生产区。

三、动物管制

鸡舍进风口要加防雀网，严防野鸟进入鸡舍，因一些传染病病原如流感病毒、新城疫病毒等野鸟可以携带。本场鸡出场，不管是正常售出还是淘汰，一律不能随便返回。

第三节　鸡场消毒

消毒是杀灭和清除鸡场病原微生物的重要措施，是切断病原微生物传播的重要手段，必须给予足够重视，使其经常化、制度化、规范化、程序化。

一、常用消毒药物

1. 碱类　它对病毒、芽孢、寄生虫卵、细菌繁殖体都有很强杀灭作用。如氢氧化钠3%～5%水溶液，用于环境消毒、空舍消毒。

2. 卤素类　多为氯、碘及能释放氯、碘的化合物。

（1）氯制剂：如漂白粉（含氯石灰），含有效氯25%～30%，水中分解放出初生态氧和活性氯，对病毒、细菌、芽孢和真菌有杀灭作用。用于鸡舍、料槽、水槽、排泄物消毒，现配现用。禽舍地面、墙壁消毒，用10%～20%漂白粉乳剂喷洒；饮水消毒，每立方米水加入漂白粉6～10克，30分钟后可饮用。

（2）碘制剂：如聚维酮碘，鸡舍正常消毒，10升水加1克，

紧急消毒1升水加1克；饮水正常消毒20升水加1克，紧急消毒3升水加1克。

3. 双季铵盐类　高效表面活性剂，对多种病毒、细菌、霉菌和寄生虫卵有杀灭作用。如百毒杀，带鸡消毒，600倍稀释后喷雾；200倍稀释后笼具洗涤消毒。

4. 酸类　如过氧乙酸，0.05%～0.5%多用于环境和用具消毒，0.04%用于带鸡消毒。

5. 醛类　如福尔马林，主用于熏蒸消毒，每立方米鸡舍，福尔马林42毫升，高锰酸钾21克，水21毫升，把水和高锰酸钾先放容器内混合，再加甲醛，密封熏蒸消毒。

二、空舍消毒

产蛋鸡淘汰后或育成鸡转群后空舍期消毒，是消灭传染源的绝好时机，进鸡前的空舍消毒步骤如下：①将鸡舍内能移走的设备与用具移出舍外，清扫天花板、墙壁上的蜘蛛网和灰尘，将灰尘、垃圾、废料、粪便等一起清扫，集中做无害化处理。②用高压喷枪冲洗天花板、墙壁和地面。③待鸡舍干燥后，对笼具、地面、墙壁、粪沟等耐火设施进行火焰喷射消毒。④用消毒液对鸡舍全面喷洒消毒。⑤关闭门窗，做最后一次鸡舍消毒，甲醛和高锰酸钾，密封熏蒸消毒2～4小时，24小时后打开门窗，空舍10天后进鸡。

三、带鸡消毒

不但能杀死鸡体表和空气中病原微生物，还能降低舍内空气中尘埃，抑制氨气产生，最为常用。使用的药物要求无腐蚀、无刺激性，且掌握好浓度，以减少对呼吸道黏膜刺激。如百毒杀600倍稀释后喷雾，夏天每天一次，可兼防暑，冬天隔天一次，为防舍温降低，可把消毒药加温后消毒。

四、器具消毒

鸡笼、料槽、水槽等→清水浸泡→反复刷洗干净→晾干→浸泡于200倍稀释后的百毒杀水溶液中，彻底消毒。

五、环境消毒

包括鸡舍周边、净道、污道、大门等的消毒。污道每周消毒两次，净道每周消毒一次，鸡场环境每月彻底消毒一次。大门消毒池内可放3%～4%氢氧化钠水溶液，一周换2次。

六、饮水消毒与水质控制

水是鸡的重要营养素，供水要充足，水质要严格控制。水质不良会引起大肠杆菌病、沙门菌病、痢疾等消化道疾病。鸡的饮用水应清洁无毒，无异味，色泽正常，符合人的饮用水卫生标准，即每升水中细菌总数小于100个或每升水中大肠杆菌群数少于3个。

生产中要使用干净的自来水或深井水。选用密闭式管道乳头饮水器代替水槽，可以防止病原经饮水向鸡群扩散。

饮水的净化与处理是控制鸡群消化道疾病的重要措施，常用的消毒剂有氯制剂、碘制剂、复合季铵盐制剂等，场供水塔可按8～10克/米^{3}投放漂白粉消毒。注意，饮水消毒剂的使用一定要严格按规定的浓度添加，切不可过量，一般以饮水线末端达到有效浓度即可。饮水消毒是预防性的而非治疗性的，并且是切断水质污染所采取的不得已措施，根本的解决之道是净化水源，控制污染。

七、饲料卫生控制

饲料在符合正常营养指标的前提下，还必须符合卫生指标，

要防止在运输使用过程中被污染。一般鸡饲料原料尽可能减少使用动物源性饲料，如鱼粉、肉骨粉、骨粉，如确需使用，须对动物源性饲料中大肠杆菌、沙门菌进行检测；对植物源性饲料，霉菌毒素一定要进行检测；最终使成品料中的各项卫生指标符合标准。

八、鸡场废弃物及病残死鸡处理

鸡场污水集中沉淀和消毒后排放，鸡粪通过专用通道运出鸡场500米以外，堆肥发酵3周后外运，不可堆放于鸡舍周围。活疫苗瓶及包装物应先经消毒液浸泡后再放入包装袋与其他经过包装的垃圾一起运出鸡场集中处理。病残、死鸡处理方法如表20所示。

表20　病、残、死鸡的一般处理方法

方法	优点	缺点
坑埋	简单，费用低，不易产生较大气味，杀灭病原微生物很彻底	易污染地下水源
焚烧法	焚烧后需处理的残留物很少	污染空气，费用高
堆肥法	不会污染地下水和空气，本单位无须处理死鸡	堆肥法是处理死鸡的最佳选择之一
废弃法	无须任何资本投入，也不会产生环境污染问题	将死鸡运送到废弃物加工厂处理，死鸡在交接和运送过程中易形成交叉感染

注：上述方法可供参考。

第四节 鸡群控制

一、全进全出饲养方式

雏鸡、育成鸡和成年鸡必须分区或分场饲养。实行全进全出的饲养方式，保证鸡场有充分的间歇时间，能够进行空舍彻底清理消毒，以减少疾病传播。

二、鸡群控制

尽可能减少鸡群进入鸡舍前的病原携带，最好是引进病原控制清楚的鸡群，严防持续性感染病，如白血病毒、马立克病、鸡白痢、支原体感染等。

避免不同品种、不同来源的鸡群混养，尽量做到鸡群免疫状态相同；尽可能减少日常饲养管理中的应激发生；防止生产操作中的污染和感染。

对引进的鸡群要进行日常观察、健康状况要定期检查，对免疫状态要进行检测。

第五节 鸡场免疫

免疫接种是规模化鸡场控制传染病的最重要手段之一，尤其是在病毒病防治上，由于没有有效的药物进行防治，因而免疫预防显得特别重要。在制定免疫程序和实施免疫接种过程中，必须遵循“有的放矢、重点突出、程序科学、应激最小”的原则。

一、疫苗

疫苗是用有抗原性的病原微生物或其组分、代谢产物，经特

殊处理后制成的，接种动物后能产生特异免疫反应的生物制品。用细菌、支原体制成的生物制品称菌苗；用病毒、立克次体制成的生物制品称疫苗；用细菌产生的外毒素制成的生物制品称类毒素，三者又统称疫苗。

1. 疫苗分类

（1）常规苗：

1）灭活苗（灭能苗）：对病原微生物通过理化方法灭活后加入适当佐剂制成。主要有鸡胚组织灭活苗、细胞灭活苗、自家灭活苗、病变脏器组织灭活苗（后两者统称自家苗）等。

灭活苗安全性好，易生产，便于运输和保存，但成本高，主要诱导体液免疫应答。

2）活苗（冻干苗）：它是指用丧失了绝大部分致病性，但仍保有良好抗原性并能在体内繁殖的人工致弱毒（菌）株、天然的弱毒（菌）或无毒株（菌）制成的疫苗。

活苗可诱导机体产生体液、细胞、黏膜免疫和非特异性免疫应答，免疫时间长。但有返强危险、可散毒，必须冷冻保存。

3）类毒素：细菌产生的外毒素，经脱毒、提纯等工艺制成的生物制品。可诱导产生抗毒素，如破伤风类毒素。

（2）基因工程苗：随生物技术的突飞猛进，基因工程苗相继问世，有些已用于临床，研究开发的基因工程苗种类繁多，主要有以下几种。

1）基因缺失苗：将病原微生物中与致病性有关的毒力基因序列除去或失性，使其成为无毒或弱毒株，但仍保有良好的抗原性和稳定性。

2）基因重组苗：病原微生物的免疫原基因，通过分子生物学方法分离出来，然后再连接至载体 DNA 上。如鸡痘载体重组新城疫活苗。

3）亚单位苗：病原微生物经理化处理，除去无效的毒性成

分，提取抗原成分制成。如传染性法氏囊炎基因工程亚单位苗（IBD－rVP2）

4）核酸苗：病原微生物的免疫原基因，经质粒作载体DNA，接种动物，能在动物的细胞中转录、翻译成抗原物质，刺激动物产生免疫应答。

（3）疫苗保存、运输：

1）灭活苗：不可在0℃以下保存，以防油水分层。一般保存温度2~8℃。

2）冻干苗（活苗）：最好在－15℃以下保存，温度越低越好，若加入耐热保护剂可在4~6℃下保存。

冻干苗在运输时要做到苗不离冰，苗到目的地冰不能融化完。

（4）疫苗接种：

1）接种途径：①肌内注射：多数疫苗可肌内注射，油乳苗一般在胸肌部注射。②滴口、饮水。③点眼、滴鼻、喷雾。④擦肛、刺种。

用哪种方法好，要依鸡群情况、疫苗安全度而定，一定要确保安全、有效、足量。但首免最好单鸡逐个接种。

2）疫苗反应：

A. 疫苗接种主要在育成前期，且多为活苗，又几乎是预防呼吸道疫苗，其反应强度与接种方法和疫苗种类高度相关，图32是几种常用呼吸系疫苗反应强度图，喷雾接种和喉气疫苗安全度最低。因此，疑患慢性呼吸道病鸡群，要慎用或不用喷雾免疫。

B. 不良反应：①局部反应：肿胀。②全身反应：发热、食欲下降等。发热3天以上，为反应过强，可用抗菌药、退热药治疗。

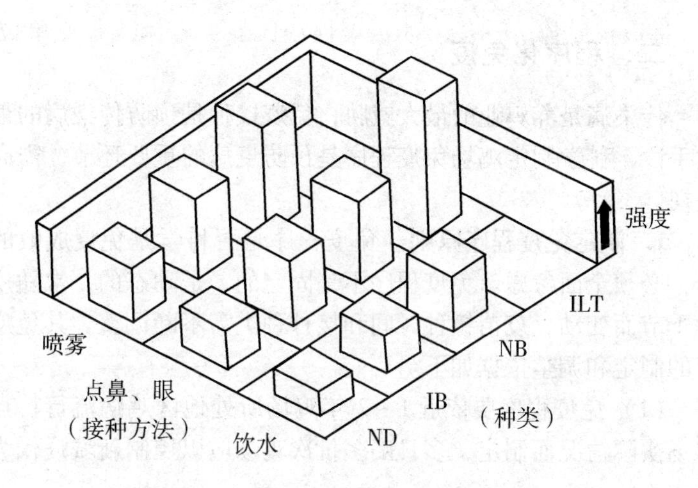

图 32　疫苗接种反应强度模式图

ND：鸡新城疫　IB：鸡传染性支气管炎　NB：鸡新城疫、传染性支气管炎二联苗　ILT：鸡传染性喉气管炎

3）接种注意事项：

A. 接种前 3 天和接种后 5 天饲料中最好添加免疫增强剂，如左旋咪唑、亚硒酸钠、黄芪多糖、维生素 A、维生素 E 等，以提高免疫效果。

B. 紧急接种弱毒苗预防病毒病，病情紧急时，可于 4 小时后给予抗菌药物以防继发感染，但 12 小时内不可使用抗病毒药物。

C. 疫苗接种前后 7 ~ 10 天内不可用对免疫应答有强抑制作用的药物，如地塞米松、磺胺类、利巴韦林等。

D. 活菌苗接种前后 5 天，不可用广谱抗菌药物。

E. 使用 α－干扰素、β－干扰素后 96 小时内不可接种疫苗。

F. 油苗不可与免疫增强剂混合接种，以防影响其乳化性质。

二、程序化免疫

传染病是养鸡业的最大威胁，免疫接种是预防传染病的最有效手段，科学制定鸡场免疫程序是预防疫病的重要环节，需高度重视。

1. 制定免疫程序原则 免疫程序是否科学是免疫成败的关键，必须全面考虑。免疫程序不是固定的，是动态的，常随疫情和季节而变动，疫苗接种时间和接种种类需不断调整。其免疫程序的制定和调整依据如下。

（1）免疫程序要依近1～2年鸡场所处地区鸡病流行特点和本场实际情况而制定，多日龄多批次鸡场应以控制新城疫作为免疫中心。

（2）根据当地流行毒株，选择适当血清型疫苗进行免疫。当地常发疾病要适时进行补强免疫，细菌性疾病一般需免疫两次以上方可达有效保护。

（3）要适时进行免疫监测，以监测结果进行调整。如禽流感毒株不断变异，防控难度很大，要想预防确实，必须定期进行抗体监测。抗体很高仍然发病，说明毒株存在变异，需更换为变异株疫苗；抗体水平低发病，免疫程序不合理或疫苗质量有问题。

（4）依母源抗体水平、易感日龄、易感季节，制定免疫程序。

（5）为提高免疫效果，死活苗适时结合使用。

（6）免疫时要把对鸡群应激减至最低。

（7）疫苗间因竞争同一受体而互相干扰，能对初免产生强的免疫抑制，所以安排时受体相同的疫苗不能同时接种，一般要间隔10天左右，以防互相干扰。

2. 病毒病参考免疫程序 病毒性疾病对鸡场威胁最大，无

药物预防，所以是免疫接种重点，重中之重。

（1）新城疫（ND）：本病毒属副黏病毒，以其毒力的强弱分三类：①强毒：又分亚洲型和美洲型两型，亚洲型又名胃肠型，病变主要在消化道；美洲型又名肺脑型，病变主要在呼吸道和中枢神经系统。②中间毒：对成鸡无病原性，但4周龄内雏鸡感染出现呼吸道症状，如Ⅰ系。③弱毒：对大小鸡均无致病性，如Ⅳ系和Ⅱ系。本病主要为空气传播，呼吸道感染。淋巴细胞、血管内皮细胞是主要靶细胞。本病毒虽只有一个血清型，但在长期使用活苗的压力下，基因型不断发生变异，现有Ⅰ～Ⅸ9个基因型，近年临床上Ⅶ基因型最多见，基因型的变异使疫苗保护率有所下降。

新城疫疫苗，常用的有油乳苗、弱毒或中等毒力冻干苗。油乳苗安全性好，受母源抗体干扰小，但用量大，仅能肌内注射，费工费时，且初次注射抗体产生需2周以后，产生的抗体滴度循环抗体高。冻干苗，用量小，可饮水、点眼、滴鼻、喷雾和肌内注射，抗体产生快，只需5天，产生的抗体滴度局部抗体高，但安全性差，受母源抗体影响大。在免疫规程制定上必须注意以下几点。

1）早期接种尽管受母源抗体干扰，但保护力仍高于未免疫对照组，所以在受ND严重威胁的鸡场，仍需尽早免疫。母源抗体在雏鸡出壳后的5～7天才达峰值，一日龄免疫弱毒苗，不但可避开高母源抗体干扰，较早产生黏膜免疫，且又能平衡母源抗体的水平，使下次免疫反应均一，所以有ND流行危险时，可一日龄首免。

2）活苗、死苗首免最好同时使用，活苗可中和母源抗体，刺激呼吸、生殖道黏膜产生黏膜免疫，又能激活机体免疫系统，提高灭活苗的抗体滴度。死苗中抗原被油佐剂包被，注射后缓慢释放，持续刺激免疫系统而产生最佳免疫效果。死苗、活苗首免同时使用是把母源抗体干扰降至最小的免疫方式，甚至二免也可同用。

3）开产前的一次补强免疫，活苗、死苗必须同用。因循环抗体滴度≥9log2 时才能抗局部感染，鸡群血中抗体能长期维持这个高值是困难的。两者同用，活苗可有效提升黏膜局部抗体水平，抵抗黏膜感染，预防非典型新城疫发生。

4）开产后每隔 1～2 月，还需接种一次弱毒苗，来维持黏膜局部高抗体滴度。否则，新城疫病毒很容易引起呼吸道、生殖道黏膜感染，引起以呼噜、蛋壳变薄、褪色等症状为主的非典型新城疫。

5）初雏期三次基础免疫为佳，其间隔为 1～2 周，因呼吸道、消化道黏膜 2 周龄时会产生生理脱落，使记忆细胞丧失。

6）参考免疫程序：1 日龄首免，7～12 日龄二免，24 日龄三免用Ⅳ系。7～10 周龄用Ⅰ系补免。产前 2～4 周再补免一次死苗加活苗。以后隔 1～2 个月活苗补免一次。在入冬前 3～4 周补强一次新城疫死苗加活苗。

7）紧急接种：发病鸡群，不论典型或非典型，用 10 倍量Ⅳ系或 2 倍量的Ⅰ系苗接种，接种后头两天可能死亡增加，一般于 3 天后控制病情。

（2）传染性支气管炎（IB）：传染性支气管炎病毒（IBV）属冠状病毒，具有广泛的组织亲嗜性，可侵害呼吸系统、泌尿生殖系统和消化系统等。本病靠空气传播，速度快，感染率高，潜伏期很短，24 小时至 3 天，会快速蔓延全群。不同日龄、品种、性别均易感。

临床上可分为：多发于雏鸡的呼吸道型，主发于产蛋鸡的生殖型，多发于 20～40 日龄雏鸡的肾型和 40～50 日龄多发的腺胃型。

IBV 有 10 多个血清型，变异性强，其中麻州型（马萨诸塞

州)、康州型（康乃狄格州）对呼吸系统有强亲和力；特拉华型(GrAy - Holte)，澳大利亚T株对肾脏有强的亲和力，两者对生殖系统都有强亲和力。现用于制疫苗的毒株如H120株和H52株(荷兰)、Ma5（毒力与H120同)、M41（强毒，多用于制油苗)，都为麻州型，大多数血清型与此有交叉免疫性，但T株和特拉华型等肾型毒株与麻州型无交叉免疫保护。所用疫苗有以下几种。

1）H120是麻州型荷兰株，经人工致弱后制成的遗传性能稳定的常用疫苗，H120毒力很弱，雏鸡、成鸡均可使用。

2）H52：是麻州型荷兰株，毒力较强，用于补强，主用于60~120日龄育成鸡补免。

3）28/86株：是肾型毒株，人工致弱后稳定，毒力不会返强，免疫原性好，制成疫苗后毒性很低，高度安全，可用于任何日龄鸡，对肾型传支保护率较高。

4）油苗：用强毒M41株制作，产蛋前使用。

IB免疫时，首免必须用活苗，不可用油苗。活苗点眼为好，因哈德氏腺对IB很敏感，因此有人主张1日龄首免。

在IB的免疫上，呼吸道（包括哈德氏腺）和消化道黏膜面的局部免疫，产生的局部抗体（SigA）在抗IBV中起至关重要作用，循环抗体不代表实际免疫力。因此，IB的免疫应以活苗滴鼻、点眼或喷雾为主，这可使局部快速产生高浓度抗体，又可启动细胞免疫。点眼最好，因哈德氏腺对IB最敏感，点眼后可快速促使B淋巴细胞分裂、增殖，产生良好局部免疫。1日龄首免(首免不可用油苗)，3~6周龄、12~18周龄各补强1次（要含肾性毒株)。产蛋前3~4周用油苗免一次，以保护生殖系统。产蛋期可定期用H120饮水，以防蛋壳质量变差。

滴鼻和饮水免疫，活毒会进入气管，引起应激，易引发大肠杆菌和支原体混合感染，需引起高度注意。

ND苗单独用后一周，才可用IB苗，若先用IB，用后两周才可用ND，因它们在呼吸道和肠道会竞争排斥，影响免疫效果。新城疫－传染性支气管炎二联苗，因厂家对两毒比例进行适当调整，使两者有均等机会在鸡体内繁殖，故常被采用。

（3）马立克（MD）：马立克病是疱疹Ⅰ型病毒引起的鸡淋巴细胞增生性疾病。以传播迅速、潜伏期长为特征。引起鸡马立克病的疱疹病毒分不完全病毒和完全病毒，不完全病毒与被侵害细胞共存亡，不能形成感染，完全病毒存在于病鸡脱落皮屑中，能形成感染，且抵抗力很强。

本病空气传播，为持续感染病，大部分鸡群里，都可分离出本病毒。按临床症状分为四型：主侵周围神经系统，使之麻痹的神经型、使许多脏器可发生肿瘤的内脏型、以伤害虹膜为主的眼型和使毛囊肿起的皮肤型。

本病毒有3个血清型，Ⅰ型为野毒，感染鸡能致癌。Ⅱ型无致癌性，可制疫苗，如SB－1苗就是代表。Ⅲ型是从火鸡分离出，无病原性，多用于制作疫苗，如HVT。

HVT是兽医唯一抗癌疫苗，接种后不能阻止感染，但能阻止致癌变。HVT苗分两种：液氮苗和冻干苗，液氮苗是把病毒接种在细胞培养基上增殖，然后于液氮中保存。液氮苗病毒粒子藏于细胞中，注射后病毒粒子是藏在细胞中被血液搬运，藏于细胞中的病毒粒子与淋巴细胞直接接触，可通过细胞间桥进入淋巴细胞增殖，避开了母源抗体干扰。而冻干苗是病毒粒子从感染细胞中游离出后冻干，注射后通过血液循环才能接触淋巴细胞，与血中母源抗体接触，母源抗体干扰严重。两疫苗效价都用蚀斑单位，液氨苗一个细胞形成一个蚀斑，而一个细胞中含很多病毒粒子，效价高。冻干苗是一个病毒粒子形成一个蚀斑，效价低。所以液氨苗优越，但运输保存离不开液氨。临床现在仍以HVT冻干苗最常用，其使用注意点如下。

1）疫苗用稀释液稀释后，衰减很快，1.5 小时效价减半，所以要 1 小时内用完，1 小时后用量需加倍，2 小时后弃掉。

2）接种一般在孵化场进行，越早越好，且接种两头份。由于母源抗体的中和，抗原损耗很多，两头份才能保证有足够量的抗原刺激。

3）接种后 5 天要封闭饲养，防外界野毒感染，因接种 5 天后才能产生抗体，在抗体产生前如果遭野毒感染，免疫效果就很差。

4）10 日龄再补强接种一次（一头份）。现多数鸡群为法氏囊阳性鸡群，法氏囊病毒对初次免疫反应抑制性很强，而对补免抑制轻微，所以 10 日龄补免可避免法氏囊病毒阳性鸡群的免疫失败。

由于超强毒出现，近年来 HVT 免疫保护效果不理想。所以，在欧美多采用双价苗（HVT + SB -1）和多价苗接种。

也有孵化场于孵化的第 18 天胚内接种，使鸡胚尽早产生抗体，防早期感染，因感染越早发病越严重。

（4）法氏囊炎（IBD）：IBD 是高度接触性、杀淋巴细胞性、免疫抑制性传染病。只危害雏鸡，发病迅速，死亡率高。本病主要经消化道感染，B 淋巴细胞是靶细胞，特别是未成熟的 B 淋巴细胞，对脾、盲肠扁桃体等外周免疫器官 B 淋巴细胞的损伤是可逆性的，而对中枢免疫器官法氏囊中的 B 淋巴细胞的损害是永久的、不可逆的。3 周龄内雏鸡感染率 100%，虽多为亚临床感染，但却能造成严重免疫抑制后遗症。此免疫抑制对首免抑制十分严重，对补免不明显。

本病毒有两个血清型，对鸡有致病性的是Ⅰ型，Ⅰ型又有 6 个亚型，这些亚型很易变异，有些变异株毒力很强，甚至超强，3 天可使法氏囊萎缩。有些毒力又很弱，感染后不出现临床症状，但可引起免疫抑制。标准Ⅰ型毒株制成的疫苗对这些变异株的交叉免疫保护差。

本病免疫接种所用疫苗以活苗为主，可分弱毒型（温和型）、中等毒力型、中等毒力偏强型和灭活苗。

疫苗突破母源抗体能力、抗体产生水平高低均与疫苗毒力高度相关，而对法氏囊的伤害也与毒力高度相关。弱毒型仅能突破低水平母源抗体，不损伤法氏囊也不产生免疫抑制，主用于低母源抗体或母源抗体水平不均匀雏鸡群首免；中等毒力型能突破中等水平母源抗体，不产生免疫抑制，对法氏囊有有限的或一过性损伤，在有 IBD 感染压力地区最为常用。中等毒力偏强型能突破高母源抗体，但对法氏囊损伤相当大，出现亚临床感染，产生免疫抑制，受强毒或超强毒污染区使用。

3 周龄内是 B 淋巴细胞从法氏囊大量往外周淋巴器官转移定植时期，所以 3 周龄内用囊苗时，一定要考虑毒力大小。

高母源抗体雏鸡群，18 日龄首免，28 日龄二免，均用中等毒力活苗。

低母源抗体或母源抗体极不均匀雏鸡群，首免用弱毒型、1/2或 1/3 量中等毒力型苗于 1 ~ 3 日龄尽早接种，二免 10 ~ 14 日龄，用中等毒力型苗。

灭活苗主用于种鸡，以使种蛋中有高母源抗体。种鸡在产蛋前要免三次，最后一次用油苗，产蛋峰值后再免一次油苗。另外，因法氏囊病毒对肠淋巴细胞有伤害，所以在免疫时最好服用防肠道感染药物，预防拉稀。

因超强毒不但能突破较高母源抗体，使有较高母源抗体雏鸡发病，又能使大周龄鸡发病，个别鸡群已接近或开始产蛋，又暴发此病。因此，疑有强毒污染鸡场，10 周龄再用中等毒力偏强苗进行三免，以防超强毒引起的大龄雏鸡发病。

（5）禽流感（AI）：流感病毒分 A、B、C 三个血清型，禽仅对 A 型敏感，为 RNA 病毒，RNA 可分 8 节。本病毒型多易

变，特别是不同血清亚型毒株感染同一只鸡时，两毒株中的RNA在鸡体细胞中复制时能发生基因重组，生成新的毒株。不同亚型间免疫交叉保护很差。

患鸡可通过呼吸道、眼结膜、粪便排出病毒，其被病毒污染物均为传播媒介。感染鸡群康复后3周，鸡体及生存环境均不带毒，即一般不呈现“载体状态”。目前尚无垂直传播的证据，但空气传播的可能性很大。

感染家禽的流感病毒以高致病H5亚型和低病性H9亚型为主。所以我国商品化AI疫苗分H5亚型（如H5N1）、H9亚型（如H9N2）和H5～H9亚型双价苗三类。鸡胚灭活苗，因制作简单，免疫原性好，不存在返强问题等优点而应用最普遍。另外，还有H5N1基因重组灭活苗（主要用于水禽）、重组禽流感病毒H5N1亚型二价灭活疫苗、禽流感－新城疫二联重组活苗等。

高致病性禽流感，雏鸡7～14日龄初免，3～4周后进行一次补强免疫，开产前再用H5、H9二价灭活疫苗进行强化免疫，以后每隔4～6个月或根据免疫抗体检测结果，补强免疫一次。灭活苗，雏鸡0.25～0.3毫升/只，成鸡0.5毫升/只。颈部后段（靠背部）皮下接种。

因禽流感主发于早春、晚秋和冬季，所以也可按季节免疫：每年10月秋防、春节前冬防、次年3～4月春防，可用H5＋H9二价苗。保护期夏季5～6个月，其他为3个月。

（6）传染性喉气管炎（ILT）：传染性喉气管炎病毒属疱疹病毒，靶器官是喉头和气管，不论从口、鼻或结膜感染，病毒均在气管内复制活跃。虽只有一个血清型，但毒株间毒力差异很大。3周龄内雏鸡对传染性喉气管炎病毒不敏感。

传播途径为呼吸道和眼结膜，因为是直接接触传染，所以传播速度较慢，从鸡舍一角蔓延至另一角需6～7天，这一特点在疫苗紧急预防上很重要。抗体和黏膜免疫所起保护作用有限，细胞免疫在抵抗 ILT 侵袭上起主要作用。尽管母源抗体也传给子代，但无实际意义。病毒在鸡三叉神经中可长期潜伏，为持续感染病。在应激状态下，潜伏的病毒可被激活，往外散毒，成为感染源。

本病只有冻干苗，非疫区最好不用，否则会造成持续感染，但疫区必须使用，4 周龄以上使用安全。接种以点眼为好，饮水不确实，点眼接种有时可诱发结膜炎，这时可用抗生素点眼治疗，几天后会消失。蛋鸡首免 4～6 周龄，14～16 周龄再补强一次。疫苗接种后 8 天内不可用 ND 苗，否则传染性喉气管炎疫苗的免疫应答将受很强的抑制。

（7）鸡传染性脑脊髓炎（AE）：鸡传染性脑脊髓炎病毒（AEV）属于小 RNA 病毒科的肠道病毒属。所有 AEV 的不同分离株属同一血清型，病毒一般对肠和神经系统具强亲和性，大部分野外分离株有嗜肠性。

传播分为垂直传播或出壳早期水平传播，其中以垂直传播为主。感染鸡通过粪便排出病毒，其排毒时间为 5～14 天，水平感染鸡龄越小，排毒时间越长。

产蛋鸡感染呈现 15 天左右的产蛋下降，产蛋开始下降前 10 天和后 11 天（三周），蛋带毒，不能作种蛋用，种鸡场需特别注意。如图 33 所示。

疫区用活苗，疫苗有脑脊髓炎－鸡痘联合苗。一般于 10～12 周龄首免，开产前 4 周补免，进行翼膜刺种，接种后 4 天在接种部位出现微肿，结出痘痂，并持续 3～4 天，第 9 天于刺种部位形成典型的痘斑为接种成功。

另一活毒疫苗是用 1143 毒株制成的活苗，通过饮水接种，这种疫苗可通过自然扩散感染，且具有一定的毒力，故小于 8 周龄的鸡不可使用此苗，以免引起发病。处于产蛋期的鸡群也不能

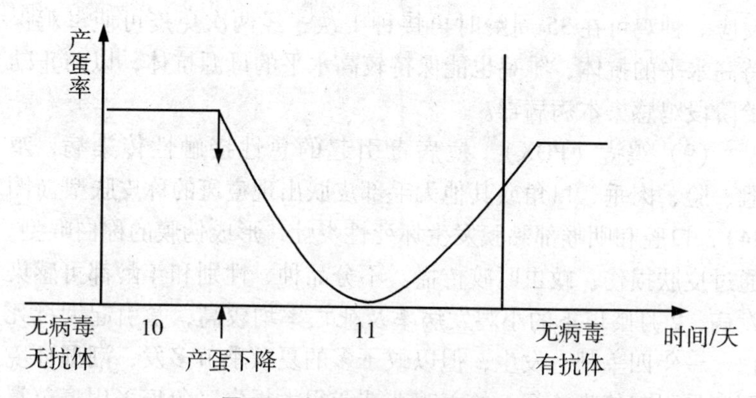

图 33　患 AE 蛋鸡产带毒蛋时间

接种这种疫苗，否则可使产蛋量下降 10% ~15%。建议于 10 周龄以上首免，开产前 4 周补免。

在非疫区，一律用禽脑脊髓炎病毒油乳剂灭活苗肌内注射。蛋鸡 70 日龄首免，110 ~130 日龄再免。

（8）减蛋综合征（EDS -76）：EDS -76 病毒属腺病毒Ⅲ群，只有一个血清型。鸡品种不同对病毒敏感性有差异，褐壳蛋鸡最易感。本病毒主侵 26 ~32 周龄鸡，35 周龄以上鸡较少发病。幼龄鸡感染后无临床症状，血清中也查不出抗体，性成熟开始产蛋后，血清才转为阳性。

本病以垂直传播为主要方式，但从患鸡输卵管、泄殖腔、粪便中都能分离出病毒，它们向外排毒，可水平传给易感鸡群。

广泛使用的油佐剂灭活苗对鸡群有良好的防治效果。产蛋鸡可在 120 日龄左右时注射 1 次鸡减蛋综合征油佐剂灭活苗，即可在整个产蛋期内维持对本病的免疫力。可在鸡胸肌或腿处注射，每只 0.5 毫升。已开产的母鸡也可免疫，但在免疫接种时，应尽力避免因捕捉等引起的应激反应，在注射时间上拟在晚上暗灯条件下进行，动作要轻，同时在免疫前添加维生素 E，以减少应激反应。种鸡可在35周龄时再接种1次，经两次免疫可使母鸡保持高水平的抗体，雏鸡也能保持较高水平的母源抗体，以防止幼龄阶段鸡感染本病病毒。

（9）鸡痘（POX）：痘病毒引起的急性接触性传染病，鸡冠、脸、肉垂、口角或其他无毛部皮肤出现痘斑的称皮肤型（图34），口腔和咽喉部黏膜发生坏死性炎灶，形成伪膜的称白喉型。通过皮肤损伤、蚊虫叮咬传播。不分品种、性别和年龄都可感染发病，2月龄以下的小鸡发病率及死亡率均较高，常引起大批死亡。一年四季都有发生，但以蚊子多的夏秋季节多发，潮湿环境更容易引起传染流行，给养鸡业造成很大损失。免疫采用疫苗翼膜穿刺法，首次免疫多在10～20日龄，二次免疫在开产前进行。疫苗用生理盐水稀释后，用钢笔尖蘸取疫苗刺种鸡翅膀内侧无血管处皮下。接种7天左右，刺种部位呈现红肿、起泡，以后逐渐干燥结痂而脱落，方为接种成功，14天产生免疫力。雏鸡免疫期2个月，成鸡5个月。

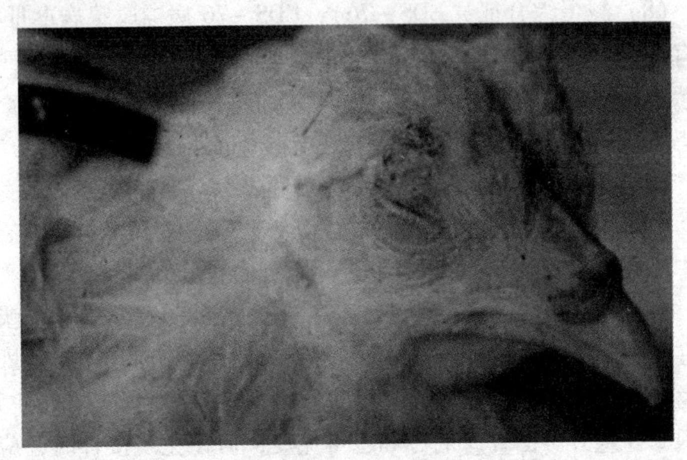

图34　皮肤型鸡痘

3. 细菌性疾病参考免疫程序　细菌抗原复杂，疫苗免疫效果远不如病毒，一般保护率不高，可依据鸡群情况和当地疫情决定免与不免。

（1）支原体（MG）：鸡支原体病是败血支原体引起的一种慢性呼吸道传染病，其特征为病鸡咳嗽、鼻窦肿胀、流鼻液、气喘并有呼吸啰音，雏鸡生长发育不良，成鸡产蛋减少，病势进展缓慢，病程较长，可在鸡群中长期蔓延，常并发或继发其他病毒、细菌感染使病情加剧，死亡增多，虽然有多种药物对该病有较好疗效，但很难根治，容易复发，往往整个饲养期病情都处于时起时伏、时轻时重状态，给养鸡生产造成重大损失。

细胞免疫、局部抗体和局部占位在 MG 免疫中起主要作用。体液免疫在 MG 免疫中不起主要作用。高抗体不能阻止呼吸道、气囊的野毒感染，但高的抗体可以减少母源性传播。疫苗接种是一种减少支原体感染的有效方法。疫苗有两种，弱毒活疫苗和灭活疫苗。

1）弱毒活疫苗：目前使用的活疫苗是 F 株疫苗。F 株致病力极为轻微，给 1 日龄、3 日龄和 20 日龄雏鸡滴眼接种不引起任何可见症状或气囊变化，不影响增重。与新城疫活疫苗 B1 或 LaSota 株同时接种，既不增强彼此的致病力也不影响各自的免疫作用。免疫保护力在 85% 以上，免疫力至少持续 7 个月。国外有报道，活疫苗免疫接种的鸡群产蛋率高于未免疫的鸡群，平均每只多产 7 枚蛋。7 ~ 14 日龄首免，10 ~ 16 周龄补免一次。

2）灭活疫苗：油佐剂灭活疫苗效果良好，用后能防止本病的发生并减少诱发其他疾病，增加蛋产量。10 ~ 20 日龄鸡每只颈背部皮下注射 0.2 毫升，成年鸡颈背部皮下注射 0.5 毫升，无不良反应，平均预防效果在 80% 左右，注射疫苗 15 天后开始产生免疫力，免疫期约 5 个月。

（2）鸡传染性鼻炎（IC）：鸡传染性鼻炎是由副嗜血杆菌引

起的一种急性呼吸道传染疾病，病鸡主要症状是鼻腔和鼻窦发炎。有A、B、C 3个血清型。各血清型之间无免疫交叉反应。

病鸡和带菌鸡是本病的主要传染源。传播方式主要是通过飞沫、尘埃经呼吸道传播，也可通过污染的饮水、饲料经消化道传播。鸡场一旦发生，会反复发作，很难根除。

免疫虽是防治本病的重要措施，但保护率也只有80%，就是说免疫鸡群疫情来时仍有20%鸡可能发病，但病情轻。

鸡传染性鼻炎油佐剂灭活苗，一般50~60日龄首免，120日龄左右二免，间隔3~4个月三免。这样整个产蛋期可获得坚强保护。

（3）鸡霍乱：鸡霍乱又称鸡巴氏杆菌病、鸡出血性败血症。它是由巴氏杆菌引起的急性败血性传染病。闷热、潮湿环境下多发。病鸡及其排泄物是主要传染源，一般通过消化道和呼吸道传播。饲养管理不当、阴雨潮湿、通风不良等易引起发病和流行。

本病主要以预防为主，疫苗有灭活苗如油乳苗、蜂胶苗和弱毒苗。禽多杀性巴氏杆菌油乳剂灭活疫苗，用于2个月龄以上禽只，颈下部皮下注射，每只0.5毫升，4周后再补强接种一次，注射疫苗后一般无明显反应，有的鸡在注射后1~2天可能有减食现象，对蛋鸡产蛋率稍有影响，几天内即可恢复。禽霍乱G190E40活疫苗，用于3月龄以上鸡，按每羽份加入0.5毫升20%氢氧化铝胶生理盐水，稀释摇匀后，在鸡胸肌内接种0.5毫升。

第六节　药物保健程序

规模化鸡场特别是老场，污染严重，病情复杂，有些病又无疫苗预防。但采用程序化预防给药法，能维持鸡场相对稳定，避免部分乃至全群暴发疫病。

鸡以群体用药为主，多为混料或饮水方式，最适舍温下，饮

水量为采食量的2倍，所以混水量为混料量的1/2。温度高饮水量增加，温度低饮水量减少，可以2倍为基准，随当时气温高低酌情增减变通。药物防控可用治疗量，治疗量一般用3天，也可用预防量，预防量一般为治疗量的1/4~1/2，1/2量连用7~10天，1/4量连用4周。

一、支原体

支原体病为对鸡群威胁最大疾病之一。支原体主为败血支原体，水平、介卵都能感染，属持续感染病，最易与其他病原微生物协同致病，是慢性呼吸系综合征钥匙菌，与大肠杆菌互为“帮凶”，单独感染引起慢性呼吸道病，即慢呼。慢呼多发于1~2月龄仔鸡，特别易在大群仔鸡中流行，成鸡多为慢性，可严重影响产蛋。

用于支原体免疫的疫苗有弱毒苗和灭活苗，但保护率不理想，药物预防仍是控制其危害的主要措施。

常用的支原体敏感药物有：大环内酯类，如酒石酸泰乐菌素（泰农），治疗量每千克料中混600~1 000毫克；红霉素，治疗量每千克料中混100~200毫克；替米考星，治疗量每千克料中混200~400毫克。四环素类，如多西环素，治疗量每千克料中混100~200毫克。多烯类，如支原净（泰牧菌素），治疗量每千克料中混200毫克。氟喹诺酮类，如恩诺沙星，治疗量每千克料中混100毫克。

中药：麻黄10克，杏仁5克，生石膏50克，雄黄5克，冰片1克，干蟾5克，青礞石5克，海浮石5克，硼砂6克，枯矾6克，黄芩10克，大青叶10克，桔梗5克，桑白皮10克，瓜蒌5克，共为细末，一般以0.25%~0.5%比例拌料，连用7天。

由于支原体没有细胞壁，影响细胞壁肽聚糖合成的抗菌药物如青霉素、多黏菌素等对支原体无效。

药物只能减少支原体数量和减轻症状，不能根除病原，因此应用药物不能净化和完全控制鸡支原体病，药物也不能消除介卵传播。

支原体可产生耐药，最好是协同联合使用，如支原净配多西环素、恩诺沙星配红霉素或罗红霉素、中药+西药等。

慢呼病和呼吸系统综合征，程序化药物防控时间为：1～3日龄、23～25日龄、42～44日龄、65～68日龄、95～99日龄、123日龄～128日龄，用治疗量。

二、大肠杆菌

大肠杆菌为鸡消化道常在菌，随粪便排出，污染很广，所以卫生指标以大肠杆菌价表示。对大肠杆菌敏感药物有以下几类。

（1）头孢类，如头孢曲松钠（菌必治），治疗量，每千克料中混200～400毫克。

（2）氨基糖苷类，如阿米卡星，治疗量每千克料中混200～400毫克。因本品内服吸收差，最好取上限用量。

（3）氯霉素类，如氟苯尼考，治疗量每千克料中混200～400毫克。

（4）喹诺酮类，如氧氟沙星，治疗量每千克饲料中混100～200毫克。

（5）磺胺类，如新诺明，治疗量以0.1%～0.2%比例混料。

（6）中药：清瘟败毒散，0.5%比例混料，连用7天。

大肠杆菌往往多重耐药，最好协同联合用药，如中药配西药、头孢曲松配阿米卡星（1:1）、阿米卡星配氧氟沙星（1:1）、新诺明配三甲氧苄氨嘧啶（5:1）、氟苯尼考配多西环素（1:1）等。中药配西药有时效果十分理想。

药物防控时间：开食至3日龄，防介卵感染；30日龄前后，连用3天，此期舍内空气中浮游的大肠杆菌数达峰值，最易引起

呼吸道感染；80 日龄前后连用 3 天，进入大雏，往往放松管理。均用治疗量。

三、沙门杆菌

鸡沙门杆菌病，为鸡常见多发病，以单血清型感染为主，致病菌可分两大类，即不具运动性的鸡白痢、鸡伤寒沙门菌和具运动性的副伤寒沙门菌。

白痢沙门菌各年龄鸡均可感染，但以 3 周龄内雏鸡发病严重，拉白色、淡黄、淡绿色黏性稀便，粪便黏着在肛门周围，排粪困难，育成鸡、成年鸡多为慢性。

伤寒沙门菌主要危害 3 月龄以上的成鸡，为败血性传染病，突然停食，羽毛松乱，鸡冠萎缩、苍白，排黄绿色稀便。

副伤寒沙门菌主要危害 1 月龄内的幼雏，主要排水样粪便。

本类疾病以垂直传播为主，带菌鸡产的种蛋有 1/3 带菌，用这样的蛋孵化，出壳后多于 10 日龄内发生白痢。水平感染可以在孵化器内感染，也可通过污染的饲料或饮水感染。在鸡群中几乎无法根除。

本病无特效疫苗，现多用药物预防。但由于抗生素临床上大量乱用，沙门杆菌多重耐药现象非常突出。

为提高预防用药效果，药物可采用交替轮换、联合使用。因与大肠杆菌同属革兰氏阴性菌，所以常用西药种类及用量基本相同，如阿莫西林、氟苯尼考、头孢曲松钠、新诺明等。中药：雏白痢用：白头翁 10 克、苦参 5 克、秦皮 5 克、黄柏 5 克、党参 10 克、白术 5 克，共为细末，按 0.5% 比例拌料，连用 5 ~ 7 天。

慢性鸡伤寒，白头翁 15 克、苦参 5 克、秦皮 5 克、黄柏 5 克、党参 5 克、茯苓 4 克、黄芪 10 克、甘草 3 克，共为细末，按 0.5% 比例拌料，连用 5 ~ 7 天。

防控用药时间，开食至 3 日龄，防垂直感染型雏白痢；15

日龄前后再用3天，防水平感染雏鸡发生白痢。以后依鸡群环境、疾病流行情况，安排中大雏的预防时间，污染严重鸡场，可一月保健一次。转入成鸡舍前，连用3天，净化肠道。进入产蛋期后，因西药易在蛋中残留，一般选用中药防控，时间间隔仍为一月一次，每次连用5~7天，也可依疾病发生情况而定。

四、葡萄球菌

金黄色葡萄球菌能引起鸡的急性或慢性感染，常见的急性感染是败血症，慢性的有关节炎、脚垫肿等。

败血型的特征症状是腹胸部皮下浮肿，潴留数量不等的血样渗出液，外观呈紫色或紫褐色，有波动感，浮肿可自然破溃，流出茶色或紫红色液体，病鸡2~5天死亡。

关节炎、脚垫肿型为慢性，多见趾、跖关节肿大，呈紫红或紫黑色，有的破溃或结成污黑色痂。有的出现趾瘤，脚底肿大，有的趾尖发生坏死，黑紫色。如图35所示。因关节发炎，病鸡跛行、不喜走动。一般仍有饮食欲。病鸡逐渐消瘦，最后衰弱死亡，病程多为10余天。

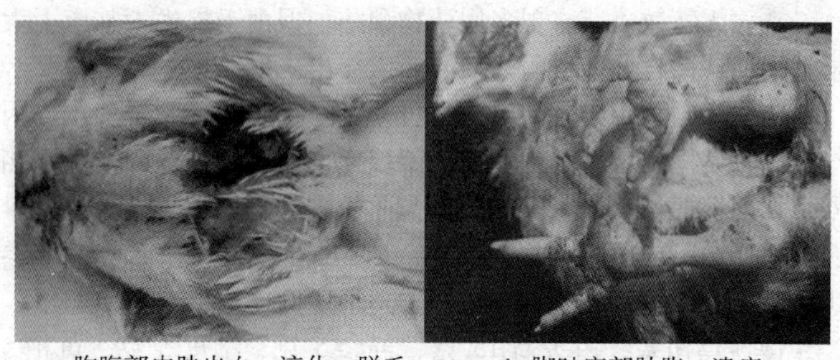

a. 胸腹部皮肤出血、液化、脱毛　　b. 脚趾底部肿胀、溃疡

图35　葡萄球菌症状

本菌为革兰阳性菌，所用预防药物有：头孢氨苄、阿莫西林、

磺胺类药物、喹诺酮类等，头孢氨苄治疗量每千克饲料 200～400 毫克，其他药物用量以前章节已有。

中药：黄连 10 克、黄芩 5 克、栀子 5 克、连翘 5 克、二花 5 克、生石膏 15 克、大黄 10 克、穿心莲 10 克、丹参 5 克、赤芍 6 克、板蓝根 10 克，共为细末，按 0.5% 比例拌料，进行预防，连用 5～7 天。

预防用药以 40～60 日龄鸡群为主，应在多发的多雨、潮湿季节，安排预防，如何安排依鸡群发病情况而定。存在葡萄球菌威胁的鸡场，可一月预防用药一次，每次 1/2 治疗量连用 7 天。

五、球虫

球虫是威胁养鸡最为严重的寄生虫病，凡有鸡的地方都有球虫病发生。抗球虫药种类很多，常用的有：地克珠利，1/2 治疗量预防，每千克饲料中混 0.5 毫克；马杜霉素，1/2 治疗量预防，每千克饲料中混 30 毫克；磺胺喹噁啉（SQ），1/2 治疗量预防，每千克饲料中混 250 毫克、氯羟吡啶（克球粉），1/2 治疗量预防，每千克饲料中混 125 毫克；乙氧酰胺喹甲酯（衣索巴），1/2 治疗量预防，每千克饲料中混 4 毫克；氯苯胍，1/2 治疗量预防，每千克饲料中混 30 毫克；氨丙啉，1/2 治疗量预防，每千克饲料中混 125 毫克等。

球虫极易产生抗药，所以蛋鸡预防常用轮换用药法，一般从 10 日龄开始料中拌药，用 1～2 个疗程后改换一下药物，以防产生耐药，一直用到 10～12 周龄。然后，让鸡有两个月的自然感染期，以获得自然免疫。此间要注意观察鸡群，一旦发病，马上用药控制，以防造成损失。停药不能太晚，否则，到成鸡不能建立坚强自然免疫，产蛋后仍能感染小肠球虫，引起严重拉稀。

依鸡群情况，必要时产蛋前可于饲料中加喂几天抗球虫药，以确保开产后的安全。

六、住白细胞虫病

住白细胞虫属血变科住白细胞虫属的原虫，寄生于鸡的白细胞、红细胞及内脏器官组织，引起鸡贫血、冠髯发白（图 36）。到目前为止，已报道有 28 种禽住白细胞虫，其中对鸡危害较大的有 3 种，即卡氏住白细胞虫、沙氏住白细胞虫、安氏住白细胞虫，其中卡氏住白细胞虫对鸡危害最大。其传播媒介是吸血蚊虫——库蠓。

卡氏住白细胞虫病是库蠓叮咬鸡吸血时，库蠓体内含成熟子孢子卵囊随唾液进入鸡体内，子孢子首先在血管内皮细胞增殖，破坏内皮细胞发育为裂殖体，内皮细胞破裂，裂殖体随血液循环进入肝、脾等实质脏器，继续发育为成熟裂殖体，成熟裂殖体破裂，放出成熟裂殖子，一些裂殖子进入白细胞、红细胞，发育成大小配子。库蠓吸血时把配子吸入体内，大小配子在库蠓体内继续发育、结合形成合子，合子再发育成有侵袭力的含成熟子孢子卵囊，进入库蠓唾液中（图 37）。

图 36　住白细胞虫症状
（冠发白）

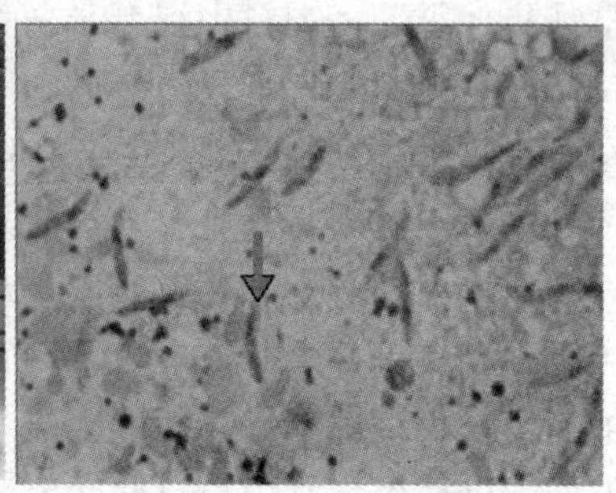

图 37　库蠓中的子孢子
（柳叶状）

北方 7～9 月在蚊虫活动季节，住白细胞虫病常呈地方性流行。雏鸡和中鸡感染率和发病率较高，易造成大量死亡。成年鸡

症状轻微。

病初发烧，食欲缺乏，下痢，运动失调，两肢瘫痪，贫血，鸡冠和肉垂苍白，病鸡突然因咯血、呼吸困难而死亡，死前口流鲜血。成年鸡感染后病情较轻，鸡冠苍白，消瘦，拉水样白色或绿色稀粪，产蛋率下降，甚至停产。

预防本病的特效西药有：磺胺六甲氧嘧啶（泰灭净、SMM），用1/2治疗量预防，为0.025%～0.05%混料。乙胺嘧啶，用1/2治疗量预防，每千克饲料中混0.5～2.5毫克。两药联合常用于预防本病，用量为每千克饲料中混乙胺嘧啶2毫克、SMM 200毫克。

中药用加味白头翁散：白头翁10克、苦参5克、秦皮5克、黄连5克、青蒿10克、野菊5克、地榆5克，共为细末，按0.5%比例拌料，连用5天。

育成鸡，每年4～9月，蚊虫活动季节，用预防药量，采用5天料中混药，9天休药方式反复给予，进行预防，直至蚊蝇季节过去。我国地域辽阔，什么时间开始程序化用药预防，南北略有差异。

产蛋鸡因药物易于蛋中残留，一般都用中药预防，程序化用药时间、用药方式和药用量同育成鸡。

七、蛔虫

鸡蛔虫易发于潮湿、温暖季节，主要危害3～4月龄雏鸡，成年鸡轻度感染时不出现临床症状，多为带虫者。

蛔虫幼虫移行时，首先钻入肠黏膜，损伤肠绒毛，破坏腺体分泌，引起肠黏膜出血、发炎和形成结节，引起消化功能紊乱；成虫寄生于肠内时，其代谢产物能引起慢性中毒，造成雏鸡生长发育受阻，成鸡产蛋率下降。感染严重时，成虫大量聚集在肠管内，可引起肠管的堵塞甚至破裂而导致死亡。

常用驱虫药有：左旋咪唑，口服治疗量为20毫克/千克体重。丙硫苯咪唑，治疗量，10~20毫克/千克体重。芬苯达唑，治疗量，20毫克/千克体重。枸橼酸哌嗪（驱蛔灵），治疗量，0.3克/千克体重。

程序化用药时间：56日龄、64日龄、78日龄，用治疗量，预防用药一次，必要时124日龄（开产前）再用一次。

八、绦虫

绦虫有多种，威胁鸡最大的是赖利绦虫和节片戴文绦虫，鸡小肠寄生，主要在温暖潮湿季节繁殖传播。其常见的中间宿主要为蝇、蚂蚁和甲虫，所有日龄家禽均能感染，但幼鸡严重，25~40日龄雏鸡死亡率最高，成鸡感染症状轻微。

病鸡精神不振，食欲早期增加，当自体出现中毒时，食欲减退，但饮欲增加。消瘦贫血，羽毛松乱，排白色带有黏液和泡沫的稀粪，混有白色绦虫节片。严重时，常有进行性麻痹，从两脚开始，逐渐波及全身，出现瘫鸡。

成鸡感染本病一般症状不明显，严重时产蛋量下降，免疫应答弱，抗病力低下。个别极严重病例出现腹腔积水和瘫鸡，常因继发感染细菌或病毒病而衰竭死亡。常用防治药物有以下几种。

（1）吡喹酮：每千克体重10~20毫克，晚上混入饲料中一次性服下，间隔7天再重复一次。

（2）氯硝柳胺（灭绦灵），50~60毫克/千克体重，晚上混入饲料内一次性投服，间隔7天后再重复驱虫一次。

（3）硫双二氯酚（别丁），100~200毫克/千克体重，晚上混入饲料内一次性投服，间隔7天后再重复驱虫一次。

（4）南瓜子，每只鸡5~15克，一次内服。

（5）槟榔，每千克体重1~1.5克，内服。

程序化用药时间，依鸡群年龄、季节和当地流行情况而定。

一般可于 56 日龄、64 日龄、78 日龄及 124 日龄与防蛔虫同时各用一次，用治疗量。

九、预防用药注意事项

（1）中药制剂不易产生耐药性、无药残、无毒副作用，且多有增强免疫和促生长作用，所以，育成和产蛋期均可使用，而西药因蛋中多有残留，产蛋期一般慎用或不用。

（2）多数西药存在耐药性、毒副作用或有药物残留，除左旋咪唑、替米考星等少数药物有增免作用外，大都能产生免疫抑制等缺陷，所以疫苗接种前后最好不用。

（3）出雏后一般用 3 天药物后停药，以使幼雏肠道菌群尽快形成，否则，不利于肠道发育和健康。

参 考 文 献

[1] 北京农业大学．家畜组织学与胚胎学［M］．北京：中国农业出版社，1979.
[2] 轩玉峰．中西医结合防治鸡常见病［M］．北京：中国农业出版社，1999.